KB273135

나만의 여행을 찾다보면 빛나는 순간을 발견한다.

잠깐 시간을 좀 멈춰봐.
잠깐 일상을 떠나 인생의 추억을 남겨보자.
후회없는 여행이 되도록
순간이 영원하도록
Dreams come true.

Right here.
세상 저 끝까지 가보게

Contents

Intro

파란 하늘 위에 그림이 도화지처럼 펼쳐지던 날 동화 속 도시 같은 바르샤바로 떠났다. 피아노의 시인 쇼팽과 근대 과학의 어머니 마리퀴리를 낳은 땅 전쟁과 파괴, 이데올로기와 종교 그 모든 격변의 터널을 걸어오면서 관용과 포용 그리고 용서를 배운 나라가 폴란드가 아닐까?

10세기에 기독교를 받아들인 이래 서구 라틴 문화의 보루가 되어온 나라 폴란드에 가면 과거 유럽 문화의 중심이었던 폴란드의 찬란한 문화유산을 만날 수 있다. 폴란드하면 동유럽 국가로 여겼었는데 실제로는 유럽의 중앙에 위치한 나라이다.

13세기에 몽골계통의 타타르족, 14~15세기에 독일 기사단의 침입하였고 17세기 러시아, 터키, 스웨덴에게 지긋지긋하게 시달리다가 1795년 러시아, 프러시아, 오스트리아 3국에 의해 분할된 이후 가혹한 운명 속에 123년 간 나라 잃은 신세였고 20세기에는 인류 최대의

잔혹사의 현장이었던 곳 그러나 어떤 시련도 극복하고 다시 유럽의 균형자역할을 자처하며 미래를 향해 용트림하는 폴란드가 여행자의 시선을 받고 있다.

여행길의 피로를 풀어주는 것은 안락한 호사스러움 보다 늘 이렇게 복작이는 사람소리, 웃음소리, 노래소라라는 생각이 든다. 여행길을 편안하게 만들어 주는 진실함이 묻어나는 폴란드는 120여 년간 지도 위에서 사라진 나라 폴란드 바르샤바는 폐허를 딛고 일어선 대지 위에 평화의 벽돌을 쌓아 올렸다.

구시가지에는 즐거운 음악 소리가 끊이지 않는다. 여행길에 마주쳤던 풍경들을 그림으로 만나는 일은 즐거운 일이다. 토박이 시민들에게도 이방인 여행자들에게도 공평한 휴식과 즐거움을 나눠주는 곳 바르샤바에도 유럽의 여느 도시와 마찬가지로 누구에게나 호의적인 인사를 건네는 평화로운 광장이 있다.

ABOUT
폴란드

폴스카^{Polsca}, 폴란드^{Poland}는 낮은 땅을 뜻한다. 강대국 독일과 러시아의 틈바귀 속에서 끊임없는 시련에 내몰려도 조국 폴란드를 포기하지 않는 민족 폴란드는 낮은 땅 폴란드를 다시 세워 당당하고 높아 보인다. 옛날부터 폴란드는 스웨덴, 독일, 러시아, 오스트리아 등 주변 강대국들의 끊임없는 침략을 받았다. 농경지와 광물 자원이 풍부했기 때문이다. 하지만 폴란드는 숱한 어려움 속에서도 다시 일어선 강인한 나라이다.

Poland

■ 주변 강대국의 많은 침략

기원전 2,000년 무렵부터 폴란드 땅에는 슬라브족이 살기 시작했다. 966년에 이르러 미에슈고 왕이 폴란드 왕국을 세우고 가톨릭을 받아들였다. 1386년에는 폴란드 여왕과 리투아니아의 대공이 결혼하면서 폴란드-리투아니아 연합 왕국이 세워졌다. 1400년대에 이 왕국은 발트 해에서 흑해에 이르는 넓은 영토를 가졌었다.

■ 강대국에 의해 찢긴 폴란드

폴란드는 러시아, 스웨덴, 오스만 제국 등 여러 강대국과 전쟁을 치르면서 약해지기 시작
했다. 그러다 1772년부터 러시아, 오스트리아, 프로이센 등 여러 강대국이 폴란드 땅을 나
누어서 갖기 시작했다. 이런 일이 3번이나 일어나자 폴란드는 나라가 없어질 위기에 빠졌
다. 1797년에는 국가가 소멸되어 지도에서 지워지기까지 하였다.

강인한 의지로 다시 일어선 폴란드

폴란드 인들은 결코 포기하지 않았다. 강대
국들에 맞서 자치를 요구하며 봉기를 일으
켰다. 제1차 세계대전이 끝나고 1918년에 폴
란드는 독립을 맞이했다. 하지만 폴란드의
시련은 여기서 끝나지 않았다.
1939년 나치가 권력을 잡은 독일이 침략하
면서 폴란드는 다시 독일과 소련에 점령당
하였다.

1945년, 소련과 동맹을 맺고 사회주의 정부
를 수립했던 폴란드는 1989년에야 자유화를
이루었다. 자유화 이후 자유 노조를 이끈 바
웬사가 폴란드의 대통령에 당선되기도 했다.

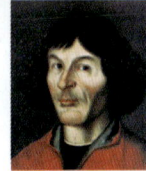
코페르니쿠스

쇼팽

퀴리부인

애국심이 강한 폴란드인

폴란드 인들은 강대국의 침략 때문에 아픔을 많이 겪었다. 그래서 폴란드 사람들은 외국인
에게 무뚝뚝하고 마음을 잘 열지 않는 편이다. 하지만 전쟁으로 상처 입은 나라를 다시 일
으켜 세웠다는 자부심과 애국심은 대단하다. 폴란드는 동유럽에서 러시아, 우크라이나, 다
음으로 인구가 많은 나라이다.

사람들은 대부분 가톨릭을 믿어서 교황 요한 바오로 2세가 폴란드 출신이라는 데 큰 자부
심을 느끼고 있다. 폴란드 출신으로 유명한 과학자는 1400년대에 지구가 태양 둘레를 돈다
는 지동설을 처음으로 주장한 천문학자 코페르니쿠스도 폴란드인이다. 이밖에도 폴란드에
는 최초로 방사성 원소를 발견해 노벨상을 받은 과학자 마리 퀴리를 비롯해 많은 노벨상
수상자가 있다.

POLAND

13

살기 좋은 평야

폴란드는 중부유럽의 대평원에 자리 잡고 있어서 대부분의 땅이 평지로 경사가 완만하다. 하지만 중남부의 타트라 산맥에는 높이가 2,499m나 되는 폴란드에서 가장 높은 리시 산도 있다. 동유럽의 알프스라고 불리는 타트라 산맥은 겨울이 되면 스키 등 겨울 스포츠를 즐기는 사람들로 붐빈다. 타트라 산맥 쪽에 있는 도시 자코파네는 폴란드의 겨울 수도라고 불리는 곳으로 유명한 이곳에서 2001년 유니버시아드 대회가 열리기도 했다.

■ 풍부한 천연자원

폴란드는 천연자원이 풍부한 나라이다. 석탄은 세계에서 5번째로 매장량이 풍부하고 구리, 황, 아연 같은 광물 자원도 많다. 그 밖에 석회석, 고령토 등도 많이 나서 다른 나라에 수출하고 있다. 이처럼 풍부한 천연자원을 바탕으로 폴란드에서는 공업이 크게 발달하였다. 남부의 크라쿠프에서는 철강업이, 북부의 항구 도시 그단스크에서는 배를 만드는 조선업이 발달했다. 뿐만 아니라 자동차, 섬유, 기계 산업도 발달하고 있다. 국토의 절반이 농경지인 폴란드는 동유럽에서 손꼽히는 농업 국가이기도 하다.

한눈에 보는 폴란드

- ▶ **국명** | 폴란드 공화국
- ▶ **인구** | 약 3852만 명
- ▶ **면적** | 약 310,000km(한반도의 약1.5배)
- ▶ **수도** | 바르샤바
- ▶ **종교** | 가톨릭
- ▶ **화폐** | 즈워티(zloty), 1zloty = 약 349.69원
  (유로는 일부 관광지에서 사용할 수 있으나 잔돈을 받지 못하거나 환율에서 손해 볼 수 있음)
- ▶ **언어** | 폴란드 어(젊은 세대들은 영어 소통에 불편함이 없음)
- ▶ **인종** | 폴란드 인
- ▶ **비자** | 비자 없이 90일간 체류가능
- ▶ **시차** | 8시간(서머타임시 7시간)
- ▶ **전화** | 국가번호 48
- ▶ **기후** | 습도가 높은 해양성 기후(서부)와 대륙성 기후(동부)가 교차

공휴일

1월 1일	새해연휴	5월 3일	제헌절	11월 11일	독립기념일
1월 6일	공현 대축일	5월 24일	성령 강림절	12월 25일	크리스마스
4월 5일	부활절	6월 4일	성체축일	12월 26일	크리스마스 연휴
4월 6일	부활절 월요일	8월 15일	성모 승천일		
5월 1일	노동절	11월 1일	만성절		

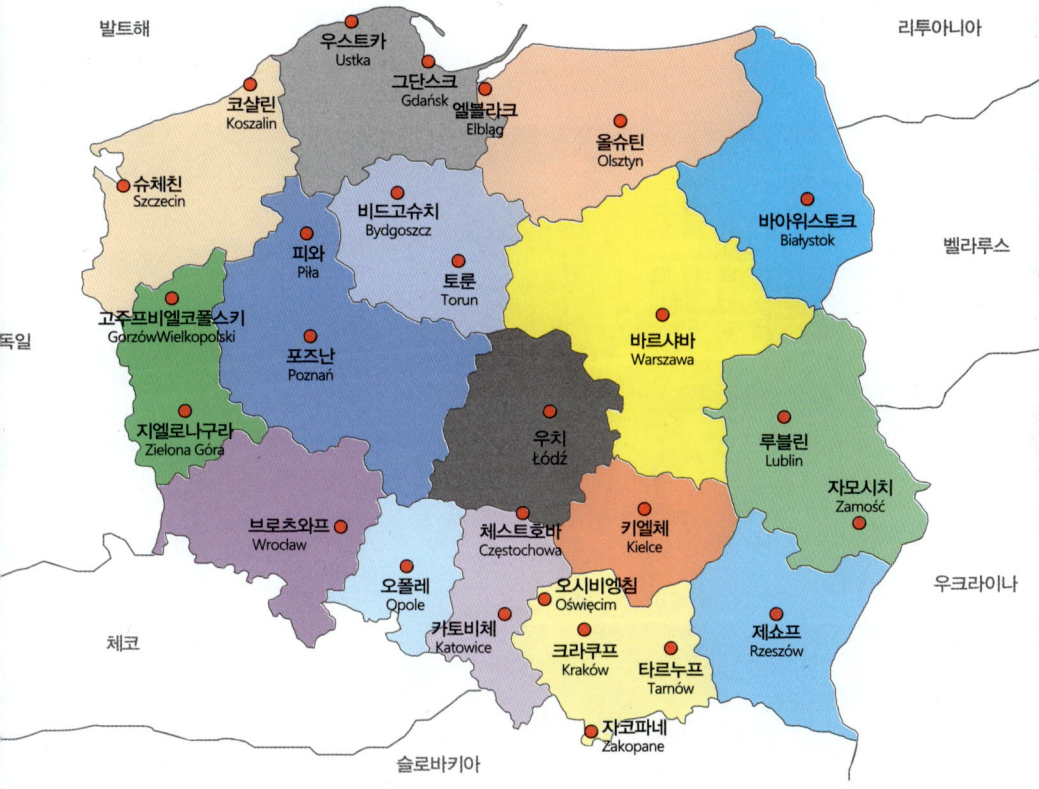

발트해

리투아니아

우스트카
Ustka

코샬린
Koszalin

그단스크
Gdańsk

엘블라크
Elbląg

올슈틴
Olsztyn

슈체친
Szczecin

바아위스토크
Białystok

벨라루스

비드고슈치
Bydgoszcz

피와
Piła

토룬
Torun

독일

고주프비엘코폴스키
GorzówWielkopolski

포즈난
Poznań

바르샤바
Warszawa

지엘로나구라
Zielona Góra

우치
Łódź

루블린
Lublin

자모시치
Zamość

브로츠와프
Wrocław

체스트호바
Częstochowa

키엘체
Kielce

우크라이나

오폴레
Opole

오시비엥침
Oświęcim

카토비체
Katowice

제쇼프
Rzeszów

체코

크라쿠프
Kraków

타르누프
Tarnów

자코파네
Zakopane

슬로바키아

POLAND

17

폴란드 사계절

폴란드는 사계절이 뚜렷한 나라이다. 북부의 해안 지방은 기온 변화가 적고 습도가 높은 해양성 기후를, 바다에서 먼 곳은 기온 변화가 크고 건조한 대륙성 기후를 나타낸다. 연평균 기온 7~10도이며, 겨울 최저 기온은 -21도, 여름 최고기온은 34도에 이른다.

봄
Spring

겨울이 4월까지 이어지기도 하지만 4월 말부터 본격적으로 기온이 올라가
지만 비가 오는 날이 많아서 우중충한 날씨가 이어진다. 5월부터 맑은 날이
시작되면 날씨가 좋아 공원에 사람들이 많아지면서 봄이 왔다는 사실을 인
지하게 된다.

여름
Summer

6월부터 8월말까지 여름은 폴란드 인들이 외부활동을 활발히 하는 시기이다. 대륙성 기후로 더운 날씨도 많기 때문에 여행할 때 미리 대비하는 것이 좋다. 발트해의 그단스크는 해양성 기후로 폴란드인들의 여름 피서지로 인기가 높다.

가을
Autumn

대한민국의 가을과 비슷하여 단풍을 보는 재미가 있다. 그러나 10월부터 급격하게 온도가 내려가기 때문에 가을이 짧아 아쉬운 계절이다.

겨울
Winter

겨울에는 기온이 영하로 내려가기 때문에 몹시 춥고 눈도 많이 내린다. 산악지방은 4~5월에도 눈이 내린다. 우중충한 날씨가 이어지지만 12월의 크리스마스 마켓은 한해를 보내는 폴란드 사람들이 모여 다양한 행사가 이어진다.

미리 보는 폴란드

중부 유럽에 위치한 폴란드는 산과 숲, 호수와 중세 성, 그리고 제2차 세계대전을 둘러싼 흥미로운 역사가 살아 숨쉬는 곳이다. 광활한 산악 지형과 거대 호수, 백사장이 늘어선 발트 해 연안이 아름다운 폴란드의 자연을 탐험해 보자. 중세 도시와 현대적인 도시를 둘러보며 중부 유럽의 숨은 보석인 폴란드를 경험할 수 있다.

수도인 바르샤바는 제2차 세계대전 당시 완전히 파괴되었다. 그러나 시민들의 노력으로 구시가지는 전쟁 전의 모습을 회복하였다. 구불거리는 자갈길을 따라 바르샤바 왕궁으로 향해가면 14세기에 지어진 세인트 존 성당에 잠시 머무는 것도 좋다. 구시가지 남서쪽에 있는 바르샤바 봉기 박물관에는 나치에 대항하였으나 결국 실패한 역사에 대해 알 수 있다. 동쪽으로 향하여 폴란드에서 가장 높은 건물 중 하나인 과학 문화 궁전의 전망대에 서면 바르샤바의 아름다운 전경이 한눈에 들어온다.

크라쿠프는 바르샤바와 달리 대부분이 전쟁의 폭격을 피해갔다. 그래서 더욱 가치가 높은 크라쿠프는 폴란드에서 가장 아름다운 도시 중 하나이다. 14~17세기까지 폴란드 왕족들이 즐겨 찾은 고딕 별장인 바벨 성은 꼭 방문해야 한다. 옆의 바벨 대성당의 지하실에는 왕족들의 무덤을 볼 수 있다. 한때 중세 요새가 있던 구시가지를 둘러싸고 있는 공원과 정원으로 이루어진 플란티 공원을 도보나 자전거로 돌아볼 수 있다. 크라쿠프에서 차를 타고 서쪽으로 1시간 정도 이동하면 아우슈비츠 수용소가 나온다.

그단스크는 박물관과 미술관, 그리고 고딕풍의 거대한 벽돌 건물인 세인트 메리 교회로 유명하다.

폴란드를 꼭 가야하는 이유

■ 저렴한 물가

한동안 폴란드를 여행하는 여행자는 많지 않았다. 그러나 동유럽의 다른 유럽 건축물과 풍경이 여행객의 마음을 훔치면서 체코를 비롯해 오스트리아, 크로아티아까지 인기를 얻더니 지금은 폴란드에도 동유럽을 여행하면서 여행코스로 포함해 여행하는 관광객이 늘어나고 있다. 특히 폴란드는 매우 저렴한 물가로 여행자의 부담을 줄여준다.

🟥 잘 보존된 중세 도시

폴란드의 옛 수도였던 크라쿠프는 폴란드가 얼마나 관광지가 많고 보존이 잘되어 있는지를 판단할 수 있는 대표적인 도시이다. 뿐만 아니라 포즈난, 토룬 등 대부분의 도시가 중세 도시 형태를 그대로 지금까지 이어오고 있다.

■ 슬픈 역사의 자취

나치 독일은 제2차 세계대전 동안 유대 인과 다른 민족들을 학살하는 만행을 저질렀다. 이것을 홀로코스트라고 한다. 1933년~1945년까지 나치 독일은 600만 명이 넘는 유대 인들을 죽였다. 이 가운데 110만 명이 폴란드의 아우슈비츠 집단 수용소에서 죽었고 그 중에는 폴란드 인들도 있었다. 인류 역사에서 다시는 일어나지 말아야 할 비극의 현장이 폴란드 남부의 도시 '오스비에침'과 '비르케나우라'에 보존되어 있다.

■ 폴란드는 친절해지고 있다.

우리에게 폴란드는 소련시절의 저항의 인물로 대통령까지 지낸 '바웬사'와 대한민국도 방문한 교황 '요한 바오로 2세'를 알고 있는 40대 이상과 득점기계 '레반도프스키'를 알고 있는 20대 정도일 것이다. 바르샤바 공항, 중앙역에 도착하면 바르샤바의 현대적인 모습을 보고 깜짝 놀랄 수도 있다.

폴란드는 현재 유럽에서 경제성장률이 높은 나라 중에 하나이다. 높아진 경제 성장률과 관광산업의 활성화로 친절해지고 있다. 여러 가지 이유가 있지만 소련시기 이후 러시아의 영향이 많았기 때문에 무표정하고 친절하지 않다는 인식이 크지만 겉으로는 무표정해서 상당히 순진한 사람들이 폴란드이다. 관광업의 활성화로 사람들은 외국인에 대해 관대하고 친절해지고 있다.

27

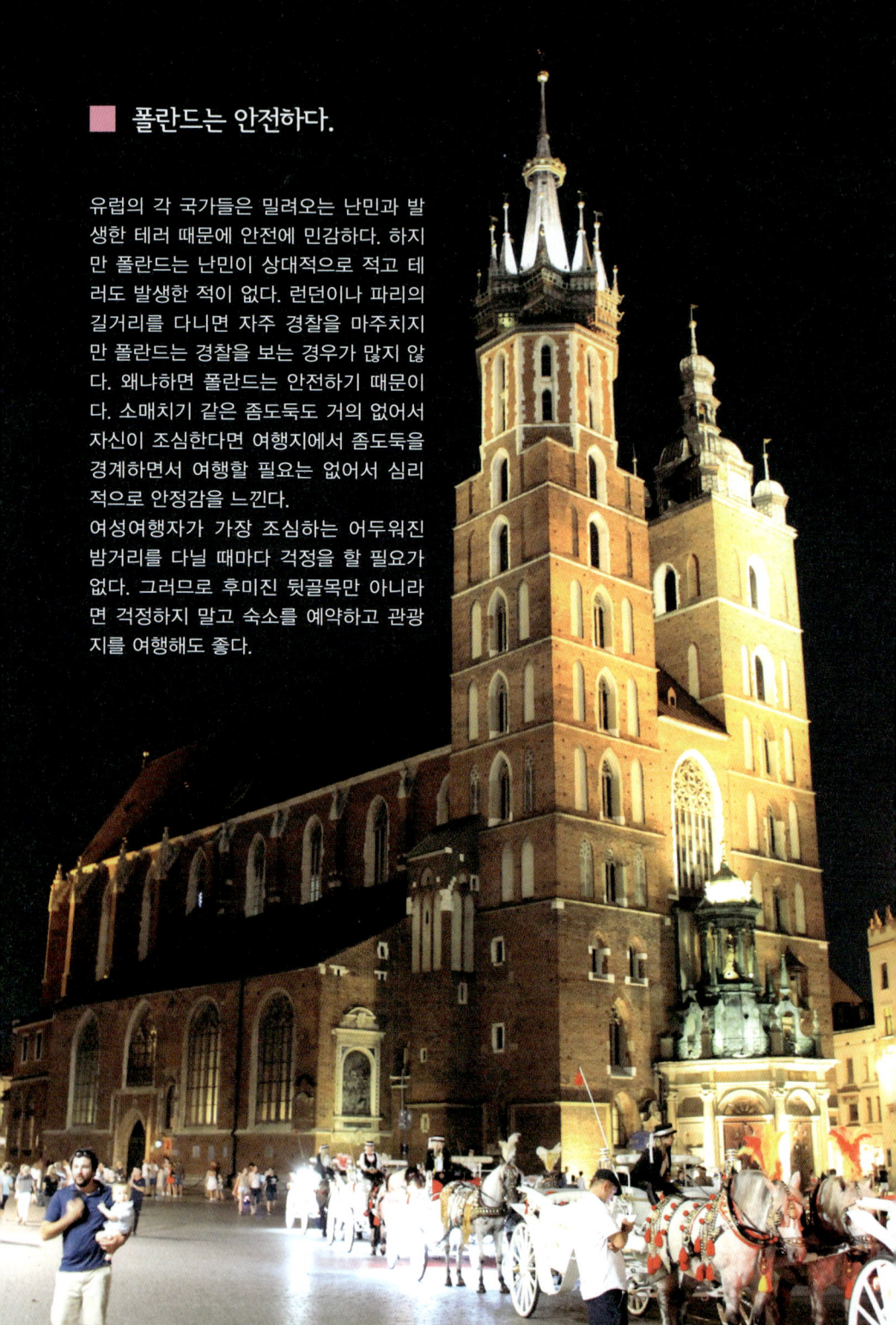

■ 폴란드는 안전하다.

유럽의 각 국가들은 밀려오는 난민과 발생한 테러 때문에 안전에 민감하다. 하지만 폴란드는 난민이 상대적으로 적고 테러도 발생한 적이 없다. 런던이나 파리의 길거리를 다니면 자주 경찰을 마주치지만 폴란드는 경찰을 보는 경우가 많지 않다. 왜냐하면 폴란드는 안전하기 때문이다. 소매치기 같은 좀도둑도 거의 없어서 자신이 조심한다면 여행지에서 좀도둑을 경계하면서 여행할 필요는 없어서 심리적으로 안정감을 느낀다.

여성여행자가 가장 조심하는 어두워진 밤거리를 다닐 때마다 걱정을 할 필요가 없다. 그러므로 후미진 뒷골목만 아니라면 걱정하지 말고 숙소를 예약하고 관광지를 여행해도 좋다.

■ 대한민국과 비슷한 정감가는 요리

폴란드 전통요리는 비고스bigos, 플라키flaki, 골롱카golonka, 피에로기pierogi등이 있다. 비고스 bigos는 잘게 썬 양배추를 소금에 절 여 발효시킨 독일식 김치에 양념한 육류와 버섯을 넣은 것이다. 플라키flaki는 내장을 굽거 나 튀긴 것이고, 골롱카golonka는 일종의 돼지족발이다. 피에로기는 치즈·육류 또는 과일로 속을 채운 밀가루 빵이다.

폴란드 수프는 걸쭉하고 영양가가 높은 편으로 보르스헤borsch(근대 수프), 보트빈카 botwinka, 흘로드니크chlodnik, 크루프니크krupnik 등이 있다. 보통 수프는 메인 요리를 먹기 전에 내놓는다.

폴란드의 흔한 어류는 창꼬치·잉어·대구·가재·청어가 있다. 시큼한 크림과 베이컨 조각은 거의 모든 요리에 첨가하는 조미료이다. 후식으로 먹는 것은 찐 과일, 과일 푸딩, 과일이나 치즈를 넣은 팬케이크, 파치키paczki라 불리는 잼 도넛 등이 있다.

폴란드 여행 잘하는 방법

■ 도착하면 관광안내소(Information Center)를 가자.

어느 도시가 되도 도착하면 해당 도시의 지도를 얻기 위해 관광안내소를 찾는 것이 좋다. 공항에 나오면 중앙에 크게 'i'라는 글자와 함께 보인다. 환전소는 관광안내소 옆에 있어서 쉽게 찾을 수 있다.

바르샤바나 크라쿠프의 중앙역으로 폴란드로 입국하게 되었다면 플랫폼에서 위로 올라와 인포메이션 센터로 가서 지도를 받으면서 자신이 원하는 정보를 물어보는 것이 좋다.

■ 숙소로 이동하는 방법에 대한 간단한 정보를 갖고 출발하자.

쇼팽 바르샤바 국제공항에 도착하여 여행을 시작하거나 인접 국가에서 기차나 버스를 타고 바르샤바Warszawa와 크라쿠프Krakow에 도착한다면 택시보다 버스를 많이 이용하기 때문에 버스가 중요한 교통수단이다. 공항이나 기차역에서 내려 버스정류장도 잘 모르고 가려고할 때 당황하는 경우가 많이 발생한다.

만약 같이 여행하는 인원이 3명만 되도 택시를 활용해도 비싸지 않기 때문에 택시로 이동하는 것도 생각해 보자. 다만 렌트카를 이용해 여행하는 것은 추천하지 않는다. 운전이 험하고 표지판을 보아도 어디인지 알 수 없어 렌트카로 원하는 곳을 찾기가 쉽지 않아 제한이 있을 수 있다.

■ 심(Sim)카드나 무제한 데이터를 활용하자.

공항에서 시내로 이동을 할 때나 기차역에서 숙소로 이동하려면 심^{Sim}카드를 구입하여 구글맵을 사용해 숙소까지 이동하는 것이 좋다. 또한 저녁에 숙소를 찾아가는 경우에도 구글맵이 있으면 쉽게 숙소도 찾을 수 있어서 스마트폰의 필요한 정보를 활용하려면 데이터가 필요하다.

심^{Sim}카드를 사용하는 것은 매우 쉽다. 플레이^{Play}와 T 모바일$^{T\ Mobile}$, 오렌지^{Orange} 유심을 구입해 데이터를 사용하면 된다. 1GB에 5~10즈워티(zł)이기 때문에 비용이 저렴하니 넉넉하게 데이터를 사용해도 된다.

심(Sim)카드 구입 주의사항

폴란드가 다른 유럽의 나라와 다르게 통신에 대해 정부의 통제하고 있기 때문에 반드시 여권을 제시하고 필요한 정보를 입력해야 한다.

1. 심카드만 구입하여 폰에 끼우더라도 작동을 하지 않기 때문에 여권을 보여주고 구입한 장소에서 정보를 입력해 달라고 이야기해야 한다. 직원이 심카드 번호와 여권 번호를 입력하여 작동이 되는 지 확인을 반드시 해야 한다.
2. 심카드를 다른 폰에 끼우면 작동하지 않는다. 폴란드는 자신의 폰에서 사용하는 심카드를 다른 사람의 폰에 끼우고 사용하면 다시 해당 정보를 입력해야 하기 때문에 한번 심카드를 끼우고 사용하면 절대 폰에서 빼지 말아야 한다.
3. 많이 사용하는 심(Sim) 카드는 플레이(Play)와 T 모바일(T Mobile), 오렌지(Orange) 이다. 필자가 모든 심(Sim)카드를 다 사용해보니 T 모바일(T Mobile)이 가장 문제없이 소도시까지 잘 작동하였고, 플레이(Play)는 저렴하고 소도시에서 안 되는 현상이 발생하였으나 정확한 내용은 아니다. 오렌지(Orange) 심카드는 부정적인 인식이 있어 사용하지 않았지만 나중에 사용해 보니 문제는 없었다.

■ 달러나 유로를 '즈워티(PNL)'로 환전해야 한다.

공항에서 시내로 이동하려고 할 때 버스를 가장 많이 이용한다. 이때 폴란드 화폐, 즈워티^{PNL}가 필요하다. 공항에서 필요한 돈을 환전하여 가고 전체 금액을 환전하기 싫다고 해도 일부는 환전해야 한다.

시내 환전소에서 환전하는 것이 더 저렴하다는 이야기도 있지만 금액이 크지 않을 때에는 큰 금액의 차이가 없다. 폴란드의 환전소는 '칸토르^{KANTOR}'라고 부르니 미리 알고 가는 것이 좋다.

폴란드 화폐와 환전소

폴란드어로 "금"을 뜻하는 '즈워티(폴란드어: złoty)'는 폴란드의 통화로 1 즈워티zł는 100 그로시(grosz)에 해당된다. 즈워티는 'zł'로 표시한다.

환전소는 '칸토르(KANTOR)'라고 부르는 데 가게 전체를 사용하는 곳부터 상점의 카운터 한곳에서 환전해주는 곳까지 다양하다. 각국의 통화 환율을 표시한 보드가 있는 환전소는 공인된 환전소라고 판단하면 이상이 없다. 칸토르(KANTOR)에서 환전을 해주면 대체로 큰 금액인 200zł이나 100zł로 환전해 주는 경우가 많기 때문에 소액으로 바꾸어 달라고 요청하여 받는 것이 사용하기에 편리하다.

폴란드에서 다른 유럽의 국가로 이동하게 된다면 인접국가에서 즈워티를 재환전하는 것이 어렵기 때문에 미리 환전하는 것도 잊지 말자.

■ '관광지 한 곳만 더 보자는 생각'은 금물

폴란드는 쉽게 갈 수 있는 해외여행지가 아니다. 그러니 한 번에 원하는 여행지를 모두 보고 싶다고 해서 시간이 제한적이기 때문에 관광지를 다 볼 수는 없다. 사람마다 생각이 다르겠지만 평생 한번만 갈 수 있다는 생각을 하지 말고 여유롭게 관광지를 보는 것이 좋다. 한 곳을 더 본다고 여행이 만족스럽지 않다. 자신에게 주어진 휴가기간 만큼 행복한 여행이 되도록 여유롭게 여행하는 것이 좋다. 서둘러 보다가 지갑도 잃어버리고 여권도 잃어버리기 쉽다. 허둥지둥 다닌다고 폴란드를 한 번에 다 볼 수 있지도 않으니 한 곳을 덜 보겠다는 심정으로 여행한다면 오히려 더 여유롭게 여행을 하고 만족도도 더 높을 것이다.

■ 아는 만큼 보이고 준비한 만큼 만족도가 높다.

폴란드의 관광지는 역사와 긴밀한 관련이 있다. 그런데 아무런 정보 없이 본다면 재미도 없고 본 관광지는 아무 의미 없는 장소가 되기 쉽다. 사전에 필요한 역사와 관련한 정보는 습득하고 폴란드 여행을 떠나는 것이 준비도 하게 되고 아는 만큼 만족도가 높은 여행지가 폴란드이다.

■ 에티켓을 지키는 여행으로 현지인과의 마찰을 줄이자.

현지에 대한 에티켓을 지키지 않든지 몰라서 여행지에서 문제가 발생하기도 한다. 폴란드인에 대해 에티켓을 지켜야 하는 것이 먼저다. 폴란드는 팁을 받지 않는 레스토랑이 대부분이다.

팁에 대해 미국처럼 신경을 쓰지 않아도 되어 편하게 이용할 수 있다. 그런데 관광지의 레스토랑은 팁Tip을 음식가격에 포함시켜 받기도 한다. 물가가 저렴한 폴란드는 팁의 비용이 많지 않기 때문에 포함되어 있어도 주고 나오는 것이 기분 좋게 나오는 방법이다.

■ 폴란드는 물가가 저렴한 국가이므로
박물관, 전망대비용을 아끼지 말자.

동유럽의 국가들이 대부분 물가가 저렴하지만 다른 인접국인 체코나 헝가리보다 폴란드는 더 저렴하다. 유럽여행을 하다 보면 박물관이나 전망대 비용을 아끼기 위해 사진만 찍고 다른 곳으로 이동하는 여행자가 있지만 폴란드는 저렴한 물가로 숙박까지도 다른 동유럽국가보다 가볍게 여행할 수 있는 곳이므로 박물관이나 미술관, 전망대 비용을 아끼지 말자.

크라쿠프Krakow의 바벨성Wawel Castle에 입장을 하지 않고 입구에서 사진만 찍고 나오지 말고, 바르샤바의 쇼팽 공연도 보면서 폴란드의 문화까지 즐기는 여행이 잘 여행하는 방법이다.

폴란드의 바벨성을 사진만 찍고 나오는 주 배경

폴 란 드
여 행 에
꼭필요한
INFO

한눈에 보는 폴란드 역사

폴란드는 대서양에서 우랄산맥까지 뻗어 있는 북유럽 평원을 따라 가운데 자리하고 있다.. 이러한 지리적 조건은 폴란드인들을 거대한 흥망성쇠로 이끄는 데 한몫 하였다. 국토의 경계가 극적으로 변화한 데서도 잘 나타나 있다.

중세 초기

서 슬라브인들이 비쯀라Vistula와 오데르Oder 강 사이의 평원에 이주하였고 이 때문에 그들은 평원의 사람들이라는 뜻의 '폴라니안Polanians'이라고 불리게 되었다.

10~13세기

966년, 미에즈코Mieszko 1세는 로마 제국으로부터 이 지역의 영주 지위를 인정받는 대신 기독교를 채택하였다. 그리하여 피아스트Piast왕조가 성립되었고, 이후 폴란드를 400여 년 간 다스렸다. 그의 아들 용사 볼레스라브Boleslav는 1025년 폴란드 최초의 왕에 즉위하였다.

이 지역의 패권을 차지한 폴란드 초기 세력은 오래가지 못하였다. 독일의 세력이 커지면서 폴란드는 1038년 수도를 포즈난에서 크라쿠프로 옮겼다. 1226년 마조비아의 왕자가 북부에 남아있던 이교도들을 개종시키기 위해 일단의 독일 십자군을 불러들였다. 이일을 받아들이면서 튜튼 기사단은 발트해 연안의 상당부분을 정복하였으며 이 때 이교도나 폴란드인 모두가 심하게 피해를 입었다. 남부 역시 문제를 안고 있어서 23세기 중반 두 번에 걸쳐 크라쿠프를 약탈한 타타르 인들과 싸우지 않으면 안 되었다.

14~15세기

왕국은 결국 1333~1370년까지 재위한 카지미에라즈^{Kazimierz} 3세에 의해 재건되었다. 1386년 폴란드 왕녀 야드비가^{Jadviga}와 리투아니아 대공 야기엘로^{Jagiello}의 결혼식은 폴란드의 황금시대를 여는 계기가 되었다. 폴란드와 리투아니아와의 결합은 발트해에서 흑해에 이르는 유럽 대륙의 커다란 세력을 만든 것이다. 양국은 막강한 군대를 조직하여 1410년 그룬발트^{Grunwald}의 싸움에서 튜튼 기사단을 철저히 제압하였다.

16세기

16세기에 이르러 현명한 지그문트^{Zygmunt} 1세에 의해 르네상스가 이룩되었으며 예술과 과학에 막대한 지원이 이루어졌다. 이때가 코페르니쿠스에 의해 우주에 관한 여러 사실들이 재정리되던 시기이다. 다른 유럽 국가들이 종교분쟁으로 갈라져 있을 때 폴란드는 인내심을 보였으며 이로 인해 박해받던 사람들, 특히 유대인들의 피난처가 되었다. 1509년 폴란드와 리투아니아는 정식으로 합병되었다.

1572년

야기엘로 왕조가 1572년에 끝나면서 폴란드가 들여온 스웨덴 왕은 수도를 바르샤바로 옮겼다. 이때 귀족들은 왕을 선거에 의해 뽑힌 의회의 공직으로 만듦으로써 왕권에 대한 지배력을 공고히 했다. 귀족들에 의해 장악되고 있던 의회는 불만을 가진 귀족들이 입법을 방해할 수 있는 원칙에 의해 운영되었다. 따라서 사실상 귀족들은 자신들의 특권을 유지할 수 있는 정치적인 협정을 계속하였다.

17~18세기

이후 폴란드는 거스를 수 없는 쇠락의 길을 걷게 된다. 17세기를 통해 이 지역의 경쟁자인 스웨덴과 러시아가 폴란드 국경을 자주 침범하면서 폴란드의 마지막 영광은 얀 3세 소비에스키가 1683년에 오스만 제국의 치하에 있던 비엔나를 이기고 터키인들을 유럽에서 몰아낸 것이었다. 그러나 오스트리아 인들은 연합하여 폴란드에 대항하였다. 18세기 후반 러시아나 프러시아, 오스트리아의 계몽 군주들은 폴란드 땅덩이를 차지하기 위해 서로 공모하였다. 3번에 걸친 분할 끝에 폴란드는 완전히 유럽 지도에서 사라지게 되었다.

| 19세기 | 지도에서 사라진 폴란드는 민족주의의 부활을 맞게 된다. 예술에 있어서 낭만주의 경향은 민속 전통을 보호하고 잃어버린 독립을 슬퍼하는 것이었다. 혁명 운동가들은 독립운동을 계획하거나 순교의 죽음을 맞았다. 이런 움직임에 대해 러시아와 독일은 자국 세력 내에 있는 폴란드에서 강제적인 동화 정책을 시행했다. |

| 20세기 | 동유럽 제국이 해체되고 1919년 베르사유 조약을 통해 폴란드는 다시 주권 국가로 인정받게 되었다. 1926년에는 군사적 영웅이던 마샬 요세프 필수드스키Jarshal Jozef Pilsudski가 막 성장하고 있던 폴란드의 의회 민주주의를 거부하고 권위주의 체제를 성립하였다. |

| 2차 세계대전 | 1939년 9월 1일 나치가 폴란드의 그단스크를 기습 공격하면서 2차 세계 대전이 발발하였다. 폴란드 군대의 저항은 독일 전차에 상대가 되지 못했다. 나치 점령군에 협조하는 것을 거부하면서 폴란드 인들은 지하에서 저항 운동을 계속하였고 비극적인 폭동에까지 이어졌다. |

2차 세계대전은 폴란드 사회를 근본적으로 바꾸어 놓았다. 전쟁 전 인구의 20%에 달하는 6백만 명의 폴란드 인들이 전쟁 중 목숨을 잃었다.

나치 독일은 폴란드를 인종말살 정책의 주요기지로 삼았는데 슬라브족에 속하는 폴란드 인은 노예와 같은 노동자로 전락하였고 유대인들은 수용소에서 잔인하게 학살되었다. 전쟁이 끝나면서 폴란드 국경은 다시 한번 새로 그려졌다. 소련은 독일 대신 폴란드 동부 지역을 차지하면서 서쪽 국경을 넓혔다. 이 국경 변화는 백만 명이 넘는 폴란드인, 독일인, 우크라이나 이들을 강제 이주하도록 만들었다. 그 결과 폴란드는 인종적 단일 국가가 되었다.

**1946
~1989년**

스탈린에 의해 폴란드는 공산국가가 되었고 계속되는 반공산주의 운동은 강제적인 대응과 양보의 움직임이 번갈아 가며 이루어졌고, 자유노조 주도하에 이루어진 1980~81년 총파업으로 절정을 이루었다. 당시의 정권은 군법 체제를 선포하여 간신히 살아남았다.

1989년 정부와 자유노조, 가톨릭교회는 협상 테이블에 앉아 정치적인 타개책을 협의했다. 토론 결과 의회 선거를 통해 일정 의석은 공개적 경선을 총해 당선되도록 합의하였다. 경선을 통해 마련된 의석에서 공산당은 한 자리도 차지하지 못하여 지배 체제에 대한 불만을 고스란히 보여주었다.

**1990년
~현재**

1989년 6월 선거에서 동유럽에서 공산주의 붕괴를 유도하는 사태를 촉발시켰다. 정권의 이양 후 폴란드는 근본적인 변화를 겪으면서 사회적인 시련과 정치적 위기를 맞았다. 20세기가 말에 폴란드는 민주주의 국가로서 성공적으로 자리 잡아 갔고 시장 경제의 토대를 마련하며 지속적으로 성장하고 있다.

한눈에 보는 폴란드 역사

966년	폴란드 왕국 성립	1939년	독일과 소련의 침공
1573년	귀족 공화정	1947년	폴란드 공산당 정부 수립
1772~1995년	강대국의 영토 분할	1990년	바웬사 대통령 당선
1918년	독립 국가로 재등장	2004년	유럽연합 가입

폴란드 여행 밑그림 그리기

우리는 여행으로 새로운 준비를 하거나 일탈을 꿈꾸기도 한다. 여행이 일반화되기도 했지만 아직도 여행을 두려워하는 분들이 많다. 폴란드 여행자가 급증하고 있다. 그러나 어떻게 여행을 해야 할지부터 걱정을 하게 된다. 아직 정확한 자료가 부족하기 때문이다. 지금부터 폴란드 여행을 쉽게 한눈에 정리하는 방법을 알아보자. 폴란드 여행준비는 절대 어렵지 않다. 단지 귀찮아 하지만 않으면 된다. 평소에 원하는 폴란드 여행을 가기로 결정했다면, 준비를 꼼꼼하게 하는 것이 중요하다.

일단 관심이 있는 사항을 적고 일정을 짜야 한다. 처음 해외여행을 떠난다면 폴란드 여행도 어떻게 준비할지 몰라 당황하게 된다. 먼저 어떻게 여행을 할지부터 결정해야 한다. 아무것도 모르겠고 준비를 하기 싫다면 패키지여행으로 가는 것이 좋다. 폴란드 여행은 주말을 포함해 5박 6일, 7박 9일, 8박 10일, 12박 14일 여행이 가장 일반적이다. 해외여행이라고 이것저것 많은 것을 보려고 하는 데 힘만 들고 남는 게 없는 여행이 될 수도 있으니 욕심을 버리고 준비하는 게 좋다. 여행은 보는 것도 중요하지만 같이 가는 여행의 일원과 같이 잊지 못할 추억을 만드는 것이 더 중요하다.

다음을 보고 전체적인 여행의 밑그림을 그려보자.

1	패키지여행? 자유여행? (여행의 형태 결정)		7	얼마나 쓸까? 리스트 작성! (여행경비 산출하기)
2	나의 가능한 여행기간, 비용은? (여행 기간 & 예산 짜기)		8	폴란드어를 알면 편리한데? (간단한 여행 언어 익히기)
3	폴란드 여행? 항공권부터 알아보자. (항공권티켓 /성수기여행은 빨리 구입)		9	즈위티? 유로는 사용 불가능? (환전하기)
4	성수기 숙소가 부족한 폴란드는 숙박부터 알아보자! (숙소의 예약가능 확인)		10	왜 이리 필요한 게 많지? (여행가방싸기)
5	보고 싶고 먹고 싶은 게 많아요? (여행지 정보 수집)		11	11. 인천공항으로 이동
6	단기여행인 폴란드는 꼼꼼한 일정은 필수! (여행 일정 짜기)		12	12. 드디어 여행지로 출발!

패키지여행 VS 자유여행

폴란드로 직항편이 생겨나면서 여행을 가려는 여행자가 늘어나고 있다. 하지만 누구나 고민 하는 것은 여행정보는 어떻게 구하지? 라는 질문이다. 그만큼 폴란드에 대한 정보가 매우 부족한 상황이다. 그래서 처음으로 폴란드를 여행하는 여행자들은 패키지여행을 선호하였다. 그러나 폴란드는 패키지 여행상품이 많지 않아 제한적이다.

올해부터 20~30대 여행자들이 늘어남에 따라 자유여행을 선호하고 있다. 직장인도 1주일 정도의 폴란드 여행을 계획할 수 있고 맛집을 섭렵하는 여행자 등 새로운 여행형태가 늘어나고 있다. 이들은 호스텔을 이용하여 친구들과 여행하면서 단기여행을 즐기고 있다.
편안하게 다녀오고 싶다면 패키지여행 폴란드가 뜬다고 하니 여행을 가고 싶은데 정보가 없고 나이도 있어서 무작정 떠나는 것이 어려운 여행자들은 편안하게 다녀올 수 있는 패키지여행을 선호한다. 효도관광, 동호회, 동창회에서 선호하는 형태로 여행일정과 숙소까지 다 안내하니 몸만 떠나면 된다.

연인끼리, 친구끼리, 가족여행은 자유여행을 선호하므로 6박 7일, 8박 10일, 12박 14일로 저렴하게 유럽여행을 다녀오고 싶은 여행자는 패키지여행을 선호하지 않는다. 특히 유럽을 다녀온 여행자는 폴란드에서 자신이 원하는 관광지와 맛집을 찾아서 다녀오고 싶어 한다. 여행지에서 원하는 것이 바뀌고 여유롭게 이동하며 보고 싶고 먹고 싶은 것을 마음대로 찾아가는 연인, 친구, 가족의 여행은 단연 자유여행이 제격이다. 지금은 폴란드 바르샤바, 크라쿠프만을 보고 오는 여행자가 많지만 이 두 도시를 벗어나 북부의 그단스크, 동부의 브로츠와프 등의 아름다운 자연과 자코파네, 겨울의 스키장을 즐기려는 여행자도 늘어날 것으로 본다.

폴란드 여행 계획 짜기

폴란드 여행에 대한 정보가 부족한 상황에서 어떻게 여행계획을 세울까? 라는 걱정은 누구 나 가지고 있다. 하지만 폴란드 여행도 역시 유럽의 나라를 여행하는 것과 동일하게 도시를 중심으로 여행을 한다고 생각하면 여행계획을 세우는 데에 큰 문제는 없을 것이다.

1. 먼저 지도를 보면서 입국하는 도시와 출국하는 도시를 항공권과 같이 연계하여 결정해야 한다. 동유럽여행을 하고 있다면 독일의 베를린에서 폴란드의 바르샤바부터 여행을 시작하고, 체코의 프라하에서 입국한다면 폴란드의 남부, 크라쿠프부터 여행을 시작한다.

폴란드항공을 이용한 패키지 상품은 많지 않다. 폴란드 항공은 인천과 바르샤바를 직항으로 왕복한다.
폴란드의 바르샤바-남부 체스트호바, 오시비엥침, 자코파네, 비엘리치카, 크라쿠프-서부의 브로츠와프, 포즈난, 토룬-북부의 그단스크에서 다시 바르샤바로 돌아오는 일정이다.

2. 폴란드는 네모난 국가이기 때문에 가운데의 바르샤바부터 여행을 시작한다면 북부의 그단스크나 남부의 크라쿠프를 어떻게 연결하여 여행코스를 만드는 지가 관건이다.
동유럽 여행을 위해 독일이나 체코를 경유하여 입국한다면 버스나 기차로 어디서부터 여행을 시작할지 결정해야 한다. 독일의 베를린에서 바르샤바로 이동하는 기차와 버스가 매일 운행하고 있고 체코의 프라하에서 크라쿠프로 입국하는 버스와 기차도 매일 운행하고 있다. 시작하는 도시에 따라 여행하는 도시의 루트가 달라지게 된다.

3. 입국 도시가 결정되었다면 여행기간을 결정해야 한다. 틀어진 네모난 모양의 국토를 가진 폴란드는 의외로 볼거리가 많아 여행기간이 길어질 수 있다.

4. 대한민국의 인천에서 출발하는 일정은 폴란드의 바르샤바에서 2~3일 정도를 배정하고 IN / OUT을 하면 여행하는 코스는 쉽게 만들어진다. 바르샤바 → 브로츠와프 → 포즈난 → 토룬 → 그단스크 → 푸츠오크 → 루블린 → 크라쿠프 → 비엘리치카 → 오시비엥침 → 바르샤바 추천여행코스를 활용하자.

5. 10~14일 정도의 기간이 폴란드를 여행하는데 가장 기본적인 여행기간이다. 그래야 중요 도시들을 보며 여행할 수 있다. 물론 2주 이상의 기간이라면 폴란드의 더 많은 도시까지 볼 수 있지만 개인적인 여행기간이 있기 때문에 각자의 여행시간을 고려해 결정하면 된다.

▶바르샤바– 동부 → 북부 → 남부

8일 코스

바르샤바 → 브로츠와프 → 포즈난 → 그단
스크 → 크라쿠프 → 비엘리치카 → 오시비
엥침 → 바르샤바

10일 코스

바르샤바 → 브로츠와프 → 포즈난 → 토룬
→ 그단스크 → 말보르크 → 루블린 → 크
라쿠프 → 비엘리치카 → 오시비엥침 → 바
르샤바

2주 코스

바르샤바 → 브로츠와프 → 포즈난 → 토룬
→ 그단스크 → 말보르크 → 루블린 → 크라
쿠프 → 체스트호바 → 비엘리치카 → 오시
비엥침 → 자코파네 → 바르샤바

▶바르샤바– 남부 → 북부 → 남부

8일 코스

바르샤바 → 브로츠와프 → 포즈난 → 그단
스크 → 크라쿠프 → 비엘리치카 → 오시비
엥침 → 바르샤바

10일 코스

바르샤바 → 체스트호바 → 오시비엥침 →
비엘리치카 → 크라쿠프 → 브로츠와프 →
포즈난 → 토룬 → 그단스크 → 말보르크 →
바르샤바

2주 코스

바르샤바 → 체스트호바 → 오시비엥침 →
자코파네 → 비엘리치카 → 크라쿠프 → 브
로츠와프 → 포즈난 → 토룬 → 그단스크 →
말보르크 → 루블린 → 바르샤바

크라쿠프– 남부 → 북부 → 남부

8일 코스

크라쿠프 → 비엘리치카 → 오시비엥침 →
브로츠와프 → 포즈난 → 그단스크 → 바르
샤바

10일 코스

크라쿠프 → 체스트호바 → 비엘리치카 →
오시비엥침 → 브로츠와프 → 포즈난 → 토
룬 → 그단스크 → 말보르크 → 바르샤바

2주 코스

크라쿠프 → 체스트호바 → 오시비엥침 →
자코파네 → 비엘리치카 → 크라쿠프 → 브
로츠와프 → 포즈난 → 토룬 → 그단스크 →
말보르크 → 루블린 → 바르샤바

폴란드 현지 여행 물가

항공권과 숙소, 렌트카 예약을 끝마치고 폴란드에 도착하면 여행하면서 어느 정도의 여행 경비를 챙겨야 하는지 궁금하다. 현지의 여행비용을 알아보자.

만약에 폴란드를 여행하려고 한다면 여행경비는 다른 유럽의 국가들보다 저렴하다는 사실에 놀라게 된다. 다른 동유럽 국가와 비교해도 상당히 저렴하다. 2014년 이후로 폴란드 경제는 지속적인 성장을 하면서 환경이 정비되고 여행할 수 있는 여건이 좋아졌다. 폴란드는 관광객에게 저렴하고 안전하게 쾌적한 여행을 할 수 있는 나라가 되었다. 저렴한 숙소와 맥주와 거리 문화로 폴란드는 떠오르는 관광국가로 성장하고 있다.

많은 관광객이 폴란드 바르샤바 공항으로 입국하여 여행을 하기보다 다른 유럽 국가를 여행하면서 들르는 국가로 인식하고 있다. 그래서 기차나 버스, 저가항공으로 입국하고 있다.

① 다른 유럽의 국가들은 여름 성수기 시즌이 다가오면 숙박요금이 심하게 올라지는데 폴란드는 여름성수기철에도 여행경비가 저렴하다. 성수기도 저렴하기 때문에 비성수기에는 더욱 저렴한 숙박과 식비를 보면 심지어 성수기 대비 30%수준의 할인까지 떨어지기도 한다. 배낭여행자가 많은 폴란드는 저렴한 숙소인 유스호스텔 YHA부터 아파트, 호텔까지 다양한 숙소를 선택할 수 있다.

② 레스토랑에서의 점심식사는 20~70zł(원화 10,000원 이하)정도 부터이고 저녁도 차이가 없다.

③ LDEL같은 마트에서 구입한 재료를 이용해 한끼 정도를 해결한다면 식비용이 저렴해질 수 있다. 시장에서 구입한 채소와 과일은 우리나라보다 저렴하다. 또한 폴란드 바르샤

바에는 아시안 마트가 있기 때문에 라면 같은 식재료도 구입이 가능하다.

④ 술은 더욱 싸다. 어디든지 구입할 수 있는 마트에서 파는 작은 병맥주가 약 10zł이며, 중간 정도의 수입와인은 20~40zł 정도이다.

⑤ 시내 교통버스요금은 3~7zł 정도 이다. 택시는 비싸지만 다른 유럽국가에 비해서는 저렴하기 때문에 급하거나 밤 늦은 시간에는 사용해도 비싸다고 느끼지는 않을 것이다.

⑥ 여름 성수기에 여행한다면, 저렴한 호텔에 묵고, 거의 매일 식당에서 먹고, 2~3개의 엑티비티를 한다면 여행비용이 1인당 3~6만 원 정도 소요된다. 그러나 게스트하우스나 유스호스텔에 묵고 좀 저렴한 식사를 하면 비용을 절감하는 것이 가능하다. 이렇게 하면 하루에 3~4만 원 정도 여행비용이 들 것이다.

⑦ 대한민국 여행자에게 폴란드는 여행하기에 저렴한 나라로 박물관과 갤러리 입장료도 전혀 비싸지 않은 적당한 수준이다. 대부분의 박물관 입장료는 5~15zł 수준으로 생각하면 된다. 같은 단체가 운영할 경우 다른 박물관의 입장료를 할인해주기도 한다.

폴란드 화폐 즈워티(폴란드어 z ł oty)

폴란드어로 '금'을 뜻하는 즈워티(PLN)는 폴란드의 통화로 1즈워티는 100그로시(grosz)에 해당된다. 현재 발행되고 있는 즈워티(PLN)는 1990년대 초반에 있었던 인플레이션을 극복하기 위한 차원에서 1995년1월 1일을 기해 실시된 화폐 개혁을 통해 발행된 새로운 화폐이다. 현재 폴란드는 200즈워티(PLN)라는 가장 큰 단위부터 100, 50, 20, 10즈워티까지 5종류의 지폐를 조폐하고 있으며, 동전은 5, 2, 1즈워티 등 동전 3종류가 있다. 또한 50, 20, 10, 5, 2, 1 그로시 등 6종류의 그로시(grosz)가 제작, 유통되고 있다.

100그로쉬는 1즈워티의 가치를 가지고 있다. 폴란드는 유럽 연합의 28개 소속 국가 중 하나이지만, 영국과 헝가리 등 일부 국가와 함께 유로존(Euro Zone)에 가입하지 않아 자국 화폐 사용을 유지하고 있는 나라이다. 하지만 결론적으로 폴란드의 유럽 연합 내에서의 경제 활동이 증가함과 동시에 수많은 외부 유로 화폐 사용자들이 유입되기도 하여 유로화와의 환율 차이는 큰 변동 없이 유지되고 있다. 현재 1유로는 약 4즈워티의 가치로 환산되고 있으며 대한민국 원화와의 환율은 약 320~340원대로 큰 변동 없이 유지되고 있다.

폴란드 여행 비용

폴란드 여행에서 큰 비중을 차지하는 것은 항공권과 숙박비이다. 항공권은 직항인 폴란드 항공이 왕복 73만 원대부터 있다. 숙박은 저렴한 호스텔이 1박에 원화로 1만 원대부터 있어서 항공권만 빨리 구입해 저렴하다면 숙박비는 큰 비용이 들지는 않는다. 하지만 좋은 호텔에서 머물고 싶다면 더 비싼 비용이 들겠지만 유럽보다 호텔의 비용은 저렴한 편이다.

▶ **왕복 항공료** | 73~158만 원
▶ **숙박비(1박)** | 1~20만 원
▶ **한 끼 식사** | 3천~3만 원
▶ **교통비** | 420원

구분	세부품목	6박 7일	12박 14일
항공권	직항, 경유	730,000원 ~	
교통	공항버스, 코치버스	100,000원 ~	
숙박비	호스텔, 호텔, 아파트	100,000원 ~	
식사비	1끼 식사	23,000~300,000원	
시내교통	버스, 자전거	10,000~40,000원	
입장료	박물관 등 각종 입장료	10,000~40,000원	
		약 1,430,000원 ~	약 1,830,000원 ~

축제

"모든 날이 경축하기에 좋다"라는 유명한 폴란드 속담이 있다. 이는 폴란드 문화를 잘 보여주는 예이다.

보제 나로제니에 (Boze Narodzenie)

기독교 전통과 관련된 가장 큰 축하의식은 보제 나로제니에^{Boze Narodzenie}라 불리는 크리스마스와 비엘카노크^{Wielkanoc}라 불리는 부활절이다. 이외에도 성인들의 축제일이 많이 있다. 그 축제일은 다수가 성모마리아를 위한 것이다. 폴란드의 가톨릭교도들은 매년 성모마리아에게 서약하는 흥미로운 전통을 가지고 있다.
하나의 어머니 즉 보구로지카^{Bogurodzica}는 폴란드 왕권의 수호자이다. 사람들은 보통 첸스토호

사진제공 : 네이버 지식백과

바, 즉 검은 성모마리아상 사원에 가서 마리아에게 새로이 자신들의 맹세를 한다.

성 요한 전야제(St. John's Eve)

가장 인기 있는 휴일들 중 하나이다. 이는 원래 악마를 쫓기 위한 이교도의식이었다. 큰 모닥불을 피워, 그 불을 에워싸고 젊은이들이 춤을 추며 소녀들에게 끼얹을 물이든 물통을 들고 모닥불 위로 뛰어넘기도 한다.

폴란드의 중요한 공휴일

설날, 성 금요일, 만성절, 성체 축일, 노동절이 있다. 한때 공산주의의 위력을 끊임없이 상기시켜 주었던 노동절은 이제 공산주의에 대한 자유노조의 승리를 기념하는 날이 되었다.

폴란드의 억압적인 공산주의 체제하에서, 미술과 연극은 국가에 대한 저항을 표현하는 매체역할을 하였다. 시엔키에비치(Henrik Sienkiewicz)는 로마 네로 황제시기를 그린 소설 '쿠오바디스(Quo Vadis)'로, 레이몬트(W ładys ław Reymont)는 폴란드의 서사소설 '농민(Chlopi)'으로, 밀로시(Czeslaw Milosz)는 그의 시로 각각 노벨문학상을 수상하였다. 프르지보스 (Julian Przybos)와 투빔(Julian Tuwim)같은 20세기 시인들은 폴란드인의 봉기들을 기리고 공산주의 정권에 반대하는 시들을 썼다.

인물

폴란드는 오랜 세월 문화 강대국이었다. 중앙 시장 광장에 서 있는 민족시인 미츠키에비치 외에도 2번이나 노벨 문학상을 받은 쿼바디스의 작가 시에케비치, 심보르스카도 폴란드어로 글을 쓴 여류작가 까지 많다.

■ 코페르니쿠스

코페르니쿠스는 1473년 2월 19일 폴란드에서 태어났다. 코페르니쿠스는 글쓰기와 노래, 그림, 수학 등 다양한 교육을 받았다. 코페르니쿠스가 어릴 때 아버지가 세상을 떠났기 때문에 외삼촌이 코페르니쿠스의 장래를 책임지게 되었다.

코페르니쿠스는 외삼촌의 도움으로 유럽의 여러 대학에서 다양한 학문을 접하고 공부했다. 코페르니쿠스가 접한 학문에는 프톨레마이오스가 완성한 천동설도 있었다. 폴란드로 돌아온 코페르니쿠스는 천문학을 공부하며 우주의 구조와 지구의 운동에 대해 연구하면서 천동설에 의문을 품었다. 신은 결코 우주를 복잡하게 만들지 않았을 거라는 것이 코페르니쿠스의 생각이었다. 그리고 지구도 우주에 존재하는 수많은 천체와 다름없다는 사실을 깨닫게 되었다.

코페르니쿠스는 자신의 이러한 생각을 〈코멘타리올루스〉라는 얇은 책에 적어 놓았다. 이 책에서 코페르니쿠스는 지구는 자전하며 태양 주위를 돈다고 주장했다. 코페르니쿠스는 친구에게 이 책을 보여주며 우주에 대한 자신의 생각을 조금씩 알렸다. 그러면서 관측소를 만들어 하늘을 관찰하고 각도를 재고 거리를 측정했다. 행성의 움직임을 표시하고 대학에서 배운 우주 모형이 실제와 맞는지 그렇지 않은지를 확인했다. 그 과정에서 코페르니쿠스는 천동설을 대신할 새로운 우주론이 필요하다고 확신했다.

1525년 코페르니쿠스는 〈천체의 회전에 관하여〉를 쓰기 시작했다. 그는 여기에서 우주는 지구처럼 둥글고, 태양과 달, 행성, 별도 지구와 같은 모양이며, 태양이 우주의 중심이라고 했다. 마침내 〈천체의 회전에 관하여〉가 완성되었으나 코페르니쿠스는 이 책을 출판하지 않았다. 교회가 어떤 반응을 보일지 두려웠기 때문이었다.

그때 한 젊은 학자가 찾아왔다. 그는 독일 비텐베르크 대학의 천문학 교수인 레티쿠스였다. 그는 코페르니쿠스에게 출판을 하라고 했다. 코페르니쿠스는 레티쿠스의 집요한 설득에 결국 허락을 했다.

코페르니쿠스는 출판된 책에 다음과 같이 적었다. "이 책의 내용은 사실을 말한 것이 아니라, 수학적인 계산을 해 본 것에 불과할 뿐이다." 그리고 다음의 말도 덧붙였다. "이 책을 교황 바오로 3세에게 바칩니다." 책을 출판하고 나서 돌아올지 모를 화를 사전에 막아보려 했던 것이다. 1543년 〈천체의 회전에 관하여〉 500부가 출판되어 세상에 나왔다. 이제 다시 '태양'이 우주의 중심이 되었다.

▶ 코페르니쿠스가 다닌 대학

코페르니쿠스가 처음으로 들어간 대학은 폴란드의 크라쿠프 대학이었다. 15세기 후반 폴란드의 크라코프 대학은 교육의 중심지였다. 크라코프 대학은 과학과 철학, 수학에서 유명했고, 천문학을 배우려는 학생도 많이 입학했다. 코페르니쿠스는 크라코프 대학을 다니다가 그만두었다. 15세기 후반의 유럽에서 다른 대학으로 옮겨 졸업을 하는 것이 일반적이었다. 코페르니쿠스의 외삼촌은 조카들이 이탈리아의 볼로냐 대학에서 졸업하기를 바랐다.

그 당시 볼로냐 대학은 세계 최고의 법과 대학이었다. 그래서 유럽 각지에서 많은 학생과 교수가 몰렸다. 코페르니쿠스는 알프스 산맥을 넘어 이탈리아로 건너가서 1497년 1월 볼로냐 대학에 등록했다. 코페르니쿠스는 이곳에서 교회법과 수학, 천문학을 공부했다. 그리고 이탈리아의 파도바 대학을 거쳐 볼로냐 북쪽의 페라라 대학에서 다시 교회법을 공부하고 1503년 5월 31일 졸업했다.

■ 마리 퀴리

우라늄이 방출한 빛은 X선과 다른 특성을 가진다. 이것은 방사선이었다. X선은 전자기 현상에서 나온다. 그러나 방사선은 원인이 없어 보였다. 또 방사선을 내놓는 물질은 우라늄뿐만이 아니었다. 당시의 과학은 이 문제를 설명하지 못했다. 이것을 밝힌 과학자가 마리 퀴리였다.
퀴리는 폴란드의 바르샤바에서 태어났지만 조국을 떠나 프랑스로 건너가서 공부를 계속했다. 그녀는 힘겨운 하루하루를 보내며 학업에 열중했고, 1893년 소르본 대학의 물리학과를 수석으로 졸업했다. 그녀는 프랑스 물리학자 피에르를 만나 결혼을 했고 그들 부부는 밤을 지새우며 연구를 했다.

퀴리 부부는 우라늄을 포함한 여러 광물을 조사하고 분석했다. 그 결과 폴로늄과 라듐이라는 방사선 물질을 발견했다. 폴로늄과 라듐은 광물에서 나오는 방사성 물질로 '자연 방사성 물질'이라고 한다. 그 반면에 원자로와 같은 실험 장치에서 만들어지는 방사성 물질이 있는데, 이것은 '인공 방사성 물질'이라고 한다. 원자폭탄을 만드는 플루토늄이 대표적인 인공 방사성 물질이다.

■ 쇼팽(Frédéric François Chopin)

프레데리크 프랑수아 쇼팽Frédéric François Chopin은 1810년 3월 1일~1849년 10월 17일에 태어난 폴란드의 피아니스트 · 작곡가이다. '피아노의 시인'이란 별칭을 가진 쇼팽은 가장 위대한 폴란드의 작곡가이자 가장 위대한 피아노곡 작곡가 중의 한 사람으로 여겨진다.

이름을 폴란드어식으로 적으면 프리데리크 프란치셰크 호핀Fryderyk Franciszek Chopin이지만, 프랑스에 살게 되면서 프랑스식으로 바꿨다. 폴란드 현지에서도 프랑스어 발음을 따라 쇼펜Szopen이라 적기도 한다. 러시아에서도 1810년 3월 1일 생으로 알려졌으나, 젤라조바 볼라 마을의 성당 기록에는 2월 22일에 유아세례를 받은 걸로 나와 있기 때문에 아마 실제 생일은 2월 중인 것으로 보인다. 아버지는 프랑스인으로 폴란드에 와서 귀족의 가정교사를 하고 있었고, 어머니는 원래 귀족이었지만 집안이 몰락하여 다른 귀족의 집안에서 일하던 중 가정교사와 만나 결혼하게 된 사이였다.

쇼팽은 위로 누나 한 명, 여동생 두 명이 있었고 아버지를 제외하면 집안에 남자는 쇼팽 한 사람뿐이었다. 이런 환경은 쇼팽에게 지대한 영향을 끼쳤는지 남성임에도 어딘지 모르게 섬세하고 연약해 보이는 쇼팽의 기질과 스타일이 여기에서 유래했다고 볼 수 있다.

어릴 때부터 피아노에 재능을 보였으며 7살 때는 두개의 폴로네이즈를 작곡할 정도였다. 어린 쇼팽의 재능은 바르샤바의 귀족들에게까지 알려져 그들 앞에서 공연을 하기도 했다. 하도 잘 쳤는지 그 당시 폴란드 언론은 "천재는 독일이나 오스트리아에서만 태어나는 것으로 알았지만 우리나라에도 드디어 천재가 태어났다."라고 했을 정도였다.

폴란드인들의 쇼팽에 대한 사랑은?

의미가 각별하다. 스무 살에 바르샤바를 떠난 쇼팽은 죽을 때까지 폴란드에 돌아가지 못했다. 사실 생전의 쇼팽에게 폴란드라는 나라는 존재하지 않던 시기였다. 폴란드는 러시아와 프로이센의 침략을 받았고 1795년에 오스트리아에 합병됐다. 쇼팽이 죽고 69년이 지난 1918년에야 폴란드는 비로소 독립국이 됐다. 그러나 당시는 민족주의가 유럽을 휩쓸던 시기로 폴란드를 향한 쇼팽의 그리움과 애국심은 각별했다. 그는 죽거든 심장만 꺼내 폴란드에 묻어달라고 누이에게 부탁했다고 할 정도였으니 애국심은 각별했다.

쇼팽의 대표작 야상곡은 2차 세계 대전으로 폐허가 된 바르샤바를 배경으로 한 로만 폴란스키 감독의 '피아니스트'에서 연주되면서 관객의 심금을 울렸다. 이런 역사적 배경에서 쇼팽의 심장은 폴란드의 상징처럼 '성물'로 여겨진다고 이야기할 정도이다.

■ 헨리크 시엔키에비치

폴란드 출신의 세계적인 작가들로 대표적인 사람은 1905년 노벨 문학상 수상자인 헨리크 시엔키에비치Henryk Sienkiewicz(1846~1916)가 있으며 영화로도 유명한 〈쿠오 바디스〉, 폴란드 역사를 다룬 〈크미치스〉 등이 대표작이다.

■ 조지프 콘래드

국외에서 활동한 폴란드인 작가로는 〈어둠의 심연과 진보의 전초기지〉의 작가인 조지프 콘래드가 있다. 사실 그는 영국 국적을 가지고 영어로 소설을 발표했지만, 폴란드인의 정체성을 강하게 유지하며 평생 고향 폴란드의 가족, 지인들과 교류를 하고 폴란드의 정세에 대해 많은 발언을 하며 살았다.

음식

중세의 폴란드는 숲으로 뒤덮여 있었던 지역이다. 숲에서 많이 나는 버섯, 나무열매, 벌꿀과 사냥한 고기를 많이 사용하는 음식을 먹으면서 살았다. 꿀에 절여놓은 오리고기를 뱃속에다 사과를 채운 다음 구워내서 나무딸기 열매를 졸인 소스를 곁들이는 음식이 있다.

폴란드는 몽골, 동로마 제국 등 동방 지역과 교역이 활발했기 때문에 향신료 가격이 매우쌌으며 굉장히 보편적으로 향신료를 썼던 것으로 추측된다. 하지만 전통적인 슬라브 스타일의 요리법은 16~17세기 프랑스 요리, 이탈리아 요리가 수입되면서 점차 바뀌어나갔고, 특히 터키 요리가 폴란드에 소개되고 터키에서 재배하던 부추, 양배추, 토마토 같은 채소가 도입됨에 따라 폴란드인들도 다양한 야채를 곁들여먹게 되었다. 러시아와는 달리 폴란드인들은 요거트는 간식으로 먹지, 요리로는 잘 사용하지 않는다.

특징
폴란드 요리는 버섯과 양배추를 많이 쓰는 것이 특징이며 전통적으로 이웃나라인 독일과 러시아의 영향을 많이 받았지만 폴란드의 음식은 독일 요리에 비하면 향신료를 적게 써서 담백하고, 러시아 요리에 비하면 야채를 훨씬 많이 사용한다. 공통적으로 폴란드 요리는 재료의 맛을 잘 살려내는 쪽으로 발달해왔는데 특히 향신료는 적게 쓰기로 유명하다.

하루 식사
폴란드 인들은 아침식사로 하루를 시작한다. 하루 중 가장 중요하고 많이 먹는 식사는 점심으로 14~17시 사이에 먹는데, 보통 푸짐한 수프와 메인 코스로 이루어져 있다. 저녁은 아침과 비슷하게 먹는다.

코스 요리
에피타이저, 주요리, 후식 3가지로 나뉘지만, 부활절이나 크리스마스에는 5~6시간은 족히 걸리는 만찬을 먹는다. 휴일에 음식을 준비할 때는 집안 여자들이 모두 모여서 몇날 며칠

폴란드 요리에 대한 고찰

폴란드 요리는 러시아 요리와 독일 요리의 영향을 받아서 두 요리의 특징을 모두 가지고 있다. 중세 시대 폴란드는 동방 무역의 중심지였기 때문에 향신료 보급이 일찍부터 성행했고, 전반적으로 음식 맛이 매웠다고 전해진다. 오늘날 폴란드 요리는 독일에 비해 심심하고, 러시아에 비해서는 짭짤하고 매콤한 편이다. 같은 슬라브족이기 때문에 러시아인들이 좋아하는 음식과 겹치는 음식이 많다.

폴란드 음식에는 아시아적 색채가 나는 것도 많이 있다. 일단 폴란드라는 나라 자체가 국제적 요충지
였고, 주변국들이 모두 강대국이었던 까닭에 주변 나라들로부터 흡수한 문화들도 꽤 많다. 당연히 음
식문화도 주변국가와 교류하면서 발달했다. 또한, 헝가리의 황금빛 포도주도 즐겨 마신다.

을 함께 음식 만드느라 보내는데, 남자들은 거실에서 담배 피우면서 보드카 마시고 수다를
떨면서 논다.

피에로기(Pierogi)

폴란드식 만두 작고 소박한 모양의 속에 감자 버섯, 치즈, 시
금치, 블루베리 심지어 양귀비 씨까지 넣어서 만든다. 다양한
맛에도 한국의 김치만두가 그리워진다. 우리의 만두와 닮은
폴란드 만두 피에로기Pierogi는 반죽 빚는 법도 한국과 같지만,
반죽 터지지 말라고 봉할 때 포크를 사용한다는 점과, 속에
치즈와 감자를 넣은 만두도 있다는 것이 다르다.

대표적인 폴란드 요리메뉴로 피에로기와 플라츠키가 있다. 피에로기는 일종의 만두인데, 동양의 만
두피가 밀가루로 이루어진데 반해 피에로기는 감자가루로 만들어져 있다. 덕분에 피(皮)가 두껍고 고
소한 맛이 강하며 피는 거들뿐인 만두와 달리 겉과 속의 조화가 이루어진다. 대신 만두처럼 속이 화
려하지 않고 채소와 다진 고기가 들어가는 경우가 많다.

피에로기와 구별하자. 플라츠키
일종의 감자전인데 한국의 감자전과 그냥 똑같다. 따라서 여행 중 현지 음식이 입에 안 맞아서 괴로
워하는 한국인도 잘 먹는다.

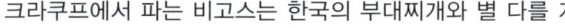

비고스(Bigos)

돼지고기와 쇠고기를 섞어 절인 양배추 피클을 곁들여서 익
힌 것으로 일종의 잡탕이다. 보통 양배추(혹은 자우어크라우
트)와 소시지, 버섯, 꿀, 말린 자두를 사용해서 만드는데, 집집
마다 지방마다 맛이 다르다.
크라쿠프에서 파는 비고스는 한국의 부대찌개와 별 다를 게

사냥꾼들이 개발한 음식
폴란드가 숲이 많은 지역이었기 때문에 사냥꾼들이 개발한 음식들이 상당히 많다. 대표적인 음식이
바로 비고스(Bigos)이다. 폴란드의 숲에서 사냥하던 사냥꾼들이 사슴고기나 돼지고기를 각종 양념과
채소와 함께 끓여서 만든다. 깊은 맛을 내려면 적어도 24시간이상은 끓여야 한다. 사냥꾼들은 잡은
고기들을 끓여서 먹은 뒤 저장해 두었다가 먹고 싶을 때 다시 끓여서 먹었다.

없을 정도이다. 작은 그릇에 내용물을 담고 빵 조각을 따로 주기도 한다.

골롱카(Golonka)

터키의 쉬쉬케밥처럼 생긴 샤슈윅Szaszlyk. 돼지족발과 꿀, 말린 과
일로 요리한 폴란드 족발이다. 아마 폴란드 음식 중에서 가장 맛
있고 인기 있는 것을 꼽으라면 단연 골롱카Goląka라고 누구나 이
야기할 것이다. 실제로 폴란드를 여행한 많은 한국인들에게 가장
맛있었던 메뉴를 물어보면 대부분 골롱카라고 대답한다. 골롱카

는 돼지족발 비슷한 모양새인데, 골롱카 한 점 뜯고 폴란드 맥주를 들이키면 여행의 피로
가 풀린 것이다.

샤슈윅(Szasz łyk)

샤슈윅(러시아어로는 샤슬릭)은 한국의 꼬치 음식과 비슷한, 꽤
사랑받는 폴란드 음식이지만 골롱카에 비하지는 못한다. 꼬챙이
에 각종 채소와 고기들을 꿰어서 만든다. 폴란드인들은 샤슈윅을
양고기 꼬치와 함께 도수가 높은 맥주를 즐겨 마신다. 러시아의
샤슬릭과 다른 점은 폴란드의 전통 요리는 꿀을 많이 사용한다

는 점과, 향신료라고는 소금과 후추 정도 밖에 쓰지 않는다는 점에서 두 요리와 구분된다.

코틀렛 스하보브이(Kotlet schabowy)

독일의 슈니첼이나 한국식 돈가스와 유사한 폴란드 요리로 유사
한 정도가 아니고 돈가스와 거의 똑같다고 할 정도이다. 소스가
나오지 않는 점이 다른데 느끼하기 때문에 김치가 그리워진다.

주렉

배를 갈아 만든 주스와 소시지, 베이컨을 넣어 만든 스프이다.

오즈즈펙

폴란드의 건조치즈로, 사람들은 이를 그냥 먹거나 아니면 불에 구워서 녹여 먹기도 한다.
좀 특이한 청국장 냄새가 나는데 구랄레Górale(폴란드어로 '산악 사람들')의 특산품으로 알
려져 있다. 폴란드–슬로바키아 국경에서 많이 판매하는데 슬로바키아에서 폴란드로 가거
나 반대로 폴란드에서 슬로바키아로 가는 사람들은 한 번 먹어보길 권한다.

키에우바사(kiełbasa)

독일의 영향을 받아서 만들어진 음식 중 하나로 폴란드식 소시지를 말하는 통칭이다. 폴란
드 인들은 양파나 감자와 함께 볶아서 먹는다. 이 소시지는 20세기에 시카고에서 폴란드식
핫도그의 중요한 재료가 된다. 폴란드식 핫도그는 소시지를 캐러멜에 졸인 양파와 함께 빵
에 끼운 것으로 머스터드나 향신료를 같이 끼워 주는 데, 좀 맵다.

폴란드 라이프

격식을 따지는 폴란드인

폴란드인이 서로 인사하는 방식은 악수하기
이다. 남성과 여성이 만날 때 종종 악수하기
는 하지만, 남성들은 여성들이 손을 먼저 내
밀 때까지 기다린다. 일반적으로 폴란드 인은
서구인들보다 보수적이고 격식을 차리는 편
이다.

> **전통의상**
>
> 일요일과 특별한 행사가 있을 경우 전통의
> 상을 입는다. 전형적인 전통의상은 헐렁한
> 바지, 요우파네(joupane) 속옷, 남성들의
> 경우 모피모자, 여성들의 경우 금테두리의
> 모자로 구성된다. 그 복장은 다양한 색깔
> 의 끈과 구슬로 아름답게 장식된다.

꽃을 사랑하는 폴란드인

폴란드인은 손님 접대에 신경을 쓰며 친절하다. 저녁정찬에 초대받아 갈 때, 보통 그 가정
의 안주인에게 줄 꽃을 갖고 간다.

열정적인 몸짓

폴란드인은 열정적인 몸짓을 사용하며 대화를 나눈다. 시골여성들은 교차로를 지날 때 신
의의 표시로 흔히 성호를 긋는다. 폴란드인은 엄지손가락을 한쪽 손바닥 안에 집어넣고 다
른 네 개의 손가락으로 감싸는 몸짓으로 행운을 나타낸다.

공손한 말

폴란드인이 흔히 사용하는 공손한 말은 '실례합니다'라는 뜻의 프레제프라샴^{prezepraszam}과
'고맙습니다'라는 뜻의 드지에쿠예^{dziekuje}이 있다. '당신(남성·여성)은 매우 친절하세요!'라
는 뜻 의 예스트 판/파니 바르드조 우프르제미$^{Jest\ pan/pani\ bardzo\ uprzejmy}$가 있다.

폴란드인들의 생활

가족단위로 폴란드인은 TV를 즐겨 보거나 대중음악을 듣는다. 도시에서는 극장, 영화관, 오페라 극장, 재즈와 클래식 연주회에 가기도 한다. 수도인 바르샤바 시민들은 밤에 하는 오페라, 발레, 실내 음악 연주회, 독주회에 가서 기분전환을 한다. 실외 활동에는 도보여행, 모터사이클 경주, 승마, 사냥이 있다.

음악

세계적으로 유명한 쇼팽^{Frederic Chopin}, 파테레프스키^{Ignacy Jan Paderewski},루빈슈타인^{Artur Rubinstein} 같은 위인들이 대표 적이다. 폴란드에는 10개의 교향악단, 17개의 예술학교^{conservatory}, 100개가 넘는 음악학교, 1,000개의 음악센터가 있다.

교통수단

대부분의 도시들은 효율적인 버스와 전차 체계를 갖추고 있으며, 주요 도시들과 비행기, 철도, 버스로 연결된다. 자동차 소유가 지속적으로 증가하고 있어 차에 대한 관심이 높다. 가장 인기 있는 차는 '폴란드 포르쉐^{Polish Porsche}'로 널리 알려진 값싼 650cc의 피아트^{Fiat}이다. 주차공간이 부족해서 인도에 주차하는 경우도 많다.

주거

폴란드도 대한민국처럼 심각한 주택부족에 직면해 있다. 젊은 부부들이 양가부모 중 한쪽과 같이 사는 경우도 많다. 주택은 부족할 뿐만 아니라 매우 비싸기도 하다.

종교

폴란드인 대다수가 가톨릭교도이다. 폴란드 인구에서 로마가톨릭교도가 차지하는 비율은 95%이다. 폴란드인은 신앙심이 깊은 민족으로 75%의 인구가 가톨릭 교리를 준수하고 있다. 로마가톨릭은 폴란드인 삶의 많은 측면에 중요한 영향력을 발휘하고 있다. 966년 가톨릭교회가 도입된 후로 폴란드를 지탱시켜주는 지주역할을 하였다.

폴란드인 교황 요한 바오로(John Paul) 2세로 선출된 해인 1978년까지 폴란드 교회는 로마와 다소 관계가 소원했다. 폴란드에는 28,000명의 수녀를 거느린 2,500개의 수녀원과 500개 이상의 수도원이 있다.

폴란드의 인기 스포츠

폴란드는 스포츠를 활성화하기 위해 노력하였고, 오랫동안 폴란드 학교에서는 스포츠 활동을 크게 강조하였다.

스키
폴란드인이 가장 좋아하는 스포츠는 스키이다. '땅 속에 묻힌 곳 '이라는 의미의 자코파네 Zakopane는 아름다운 스키 휴양지이다. "삶이 견딜 수 없게 될 때, 항상 자코파네가 있다 "라는 폴란드 속담이 있을 정도로 자코파네는 폴란드인이 일상생활에서 벗어날 수 있는 스키 휴양지이다.

수영 · 체조 · 하키 · 배구 · 축구도 폴란드인에게 인기 있는 스포츠이다. 어린이들은 공원에서 농구와 유사한 '공놀이Streetball'를 한다. 축구는 가장 인기를 모으는 스포츠로 손꼽힌다. 토요일 아침에는 거리 일부분이 축구경기를 위해 폐쇄되기도 한다. 모든 학교에서 하는 축구는 관중이 가장 많이 몰리는 운동종목이다.

농구
농구도 인기 있는 스포츠이다. 하지만 국제대회 역대성적이나 국제대회 성적도 그다지 좋은 편은 못된다.

아이스하키
아이스하키도 상당히 인기 있는 스포츠이다. 하지만 국경을 접한 나라들 중 체코, 슬로바키아, 벨라루스, 독일, 러시아가 세계적인 수준의 아이스하키 강국인데 반해 폴란드 아이스하키는 강하지는 않다.

유럽 봉건 사회가 무엇인가요?

폴란드를 여행하면 중세의 분위기를 느낀다고 이야기하는 여행자들이 많다. 그만큼 오랜 시간 간직한 중세의 성이 그대로 유지되어 있지만 그 다양한 뜻을 알지 못하고 단순히 사진만 찍은 여행자들이 많다. 조금만 더 관심 있게 살펴보면 다양한 성의 모습을 알 수 있을 것이다.

유럽 봉건 사회

유럽의 중세 사회는 게르만족이 이끌어 간 사회였다. 게르만족은 유럽 곳곳에 자리를 잡고 살면서 더 넓은 땅과 더 좋은 땅을 차지하려고 서로 다투었다. 땅을 차지한 영주들은 자기 땅을 지키려고 높은 성을 쌓은 다음, 기사들에게 자기 땅을 나누어 주고 충성을 다짐받았다. 그리고 땅이 없는 농민들은 영주와 기사들의 땅에서 농사를 짓고 살면서 수확물의 일부를 영주와 기사에게 바쳤다. 그래서 영주와 기사, 농민 사이에 피라미드와 같은 구조가 생겨났는데, 이것을 봉건제라고 부른다. 이렇게 해서 봉건제라는 틀 안에서 영주와 기사, 농민은 각각 자기 신분에 맞는 일을 하면서 중세 유럽을 이끌어 갔다.

봉건 사회의 성립

프랑크 왕국이 갈라지고 바이킹을 비롯한 외부 세력의 침입이 잦아지면서 유럽은 매우 혼란스러워졌다. 곳곳에서 싸움이 벌어지고 있었기 때문에 다른 지역을 오고갈 수도 없어서 상업 활동은 거의 이루어지지 못했다. 그래서 자기 땅에서 자기가 쓸 것을 모두 만들어 내는 농업 중심의 자급자족 경제가 자리를 잡아갔다.

땅을 가진 제후들은 이런 혼란 속에서 자기 땅을 지키기 위해 높은 성을 쌓고 기사를 불러 모아 무력을 갖추었다. 기사들은 제후에게 충성을 맹세하는 대신 제후로부터 땅을 나누어 받았다. 자신을 지킬 힘이 없는 농민들 또한 제후와 기사들에게 자신을 맡기고 보호를 받았다. 이렇게 되자 원래 나라 안의 모든 땅은 왕의 것이었지만, 왕은 자기가 직접 다스리고 있는 땅에서만 권리를 행사할 수 있었을 뿐이고 실제로는 각 지방의 제후들이 자기 땅을 다스렸다. 왕은 제후들이 자기 땅을 마음대로 다스릴 수 있게 허락하는 대신 제후들로부터 충성을 맹세 받았다.

이렇게 땅을 나누어 주면서 주군과 신하의 관계를 맺는 제도를 '봉건제'라고 하는데, 땅을 가진 국왕과 제후, 기사를 영주라고 부르고, 그 땅에서 농사를 짓는 농민을 농노라고 불렀다. 봉건제 사회에서 신하는 주군을 위해 스스로 무장을 하고 주군과 함께 전쟁에 나가 싸워야 했다. 또한 신하는 주군의 궁정에서 재판을 돕고, 주군이 포로로 잡혔을 때 석방을 위한 돈도 내야 했다. 주군이 수행원들을 거느리고 신하를 찾아오면 잘 대접할 의무도 있었다.

봉건제는 왕이 맨 꼭대기에 있는 피라미드와 같은 구조를 띠었지만, 왕이 모든 것을 통제할 수 있는 것은 아니었다. 신하들은 주군으로부터 받은 토지 안에서 자기 마음대로 세금을 거두고, 치안을 유지하며, 재판을 할 수 있었다. 왕조차도 신하의 영토 안에서 이루어지는 통치 행위에 대해서는 간섭할 수 없었다. 이와 같이 카롤링거 시대에 만들어진 봉건제는 각 지역의 제후들이 나름의 힘을 기를 수 있도록 도와주는 구실을 하면서 중세 유럽을 뒷받침하는 통치 제도로 자리 잡았다.

게르만족의 제도와 로마의 제도가 합쳐져 만들어진 봉건제

원래 게르만족 사회에는 자유민의 남자 아이가 유명한 귀족 집에 살면서 무예를 연마하고 주인으로부터는 무기, 말, 식사 등을 받으며 전문적인 전사로 키워지는 제도가 있었다. 이들은 주인인 귀족을 섬기다가 다 커서 결혼을 한 다음에는 독립을 했는데, 이를 '종사제'라고 한다. 또 로마 시대 말기에 왕들이 공을 세운 신하에게 상으로 땅을 나누어주는 은대지제가 있었는데 이 두 제도가 합쳐져서 봉건제가 생겨났다. 다시 말해 봉건제란 신하에게 땅을 나누어 주되, 신하로부터는 그에 해당하는 충성을 약속받는 제도이다. 봉건제는 프랑크 왕국의 카롤링거 왕조 시대에 생겨나서 점차 전 유럽으로 퍼져 나갔다.

중세 유럽의 지배자, 기사

더 넓고 더 좋은 땅을 차지하기 위한 전쟁이 숱하게 벌어졌던 9~10세기 무렵, 중세 유럽 사회에서는 전쟁을 치르는 기사 집단이 귀족이자 자연히 사회의 지배자가 되었다. 이들에게는 전쟁을 통해 땅을 빼앗거나 전리품을 챙기는 것이 중요한 사업이었고, 전쟁을 통해 귀족으로서의 신분과 특권을 유지했다. 크고 작은 전투가 잦아지자 기사가 점점 더 많이 필요해졌다. 하지만 기사가 되려면 다른 기사들이나 국왕의 동의를 얻어야 했고, 엄격한 절차를 거쳐 전투 능력을 인정받아야 했다. 7세 때부터 14세까지 매우 혹독한 수련 기간을 거친 다음, 승마, 수영, 활쏘기, 창던지기, 사다리나 밧줄 타기 등을 아주 잘해야 했고 마상 시합에서도 좋은 성적을 거두어야 했다.

그 밖에도 식탁에서 예의를 지키고, 장기를 잘 두며, 연회 등에서 품위와 기사도를 지킬 줄 알아야 진정한 기사로 인정받았다. 기사들은 주로 하는 일이 전투였으므로 학문을 익힐 틈이 거의 없었고, 대개는 몹시 난폭하고 거칠었다. 그래서 기사들의 행동을 제어하기 위한 도덕으로 '기사도'가 생겨났다. 영주에게 충성을 다하며, 교회를 보호하고 신에게 봉사하며, 부녀자를 존중하고 병든 사람이나 허약한 사람을 보호하며 관용과 친절을 베풀 것 등이 주요한 덕목이었다.

기사들은 농사를 짓지 않았다. 하지만 가난한 기사들은 먹고살기 위해 수공업이나 상업에 손을 대기도 했다. 십자군 전쟁이나 이교도와의 전쟁은 가난한 기사들이 돈을 벌 수 있는 좋은 기회였다. 기사들은 전쟁에 참여해서 전리품을 얻을 수 있었고, 포로를 잡으면 몸값도 챙길 수 있었기 때문이다. 기사들은 갑옷, 투구, 방패를 갖추어야 했는데, 이 장비들은 값이 비쌌을 뿐 아니라, 안전을 고려하여 만들다 보니 점점 더 무거워졌다. 기사들은 평소에 전쟁에 대비하여 사냥을 하거나 마상 시합을 벌여 전투 연습을 했다. 마상 시합은 실제 전투에서와 마찬가지로 진짜 칼과 창으로 진행되었기 때문에 마상 시합을 하다가 목숨을 잃는 기사도 적지 않았다. 마상 시합의 승자는 귀부인으로부터 상을 받고 명예를 얻었다. 그러나 패자는 승자에게 말과 투구를 빼앗기거나, 몸값을 지불하고 풀려나기도 했다.

마상 경기는 중세 시대 기사 계급의 중요한 문화 행사이자 놀이였다. 기사들이 두 줄로 나란히 서서 싸우는 '토너먼트'와 긴 창과 방패를 든 두 기사가 말을 타고 전속력으로 달려 창으로 상대방의 투구나 가슴을 찌르는 '주스트'가 있었다.

중세의 성은 어떻게 생겼나?

늘 전쟁을 해야 했던 중세의 영주들은 적으로부터 가족과 재산을 지키기 위해 성을 쌓았다. 높은 산이나 언덕, 강이나 절벽으로 둘러싸인 곳에 성을 짓고 적이 가까이 오지 못하게 여러 가지 방어 시설도 만들었다. 이렇게 만든 성을 무시무시해 보였지만, 영주의 가족들을 비롯한 많은 사람이 사는 곳이기도 해서 화장실이나 주방, 연회를 열 수 있는 큰 방 등 생활에 필요한 공간을 모두 갖추고 있었다. 성은 어떻게 생겼는지, 또 그 안에서 사람들은 어떻게 살았는지 알아보자.

중세 유럽 돌아보기 '무기'

중세의 유럽 기사들은 투구를 쓰고, 무거운 갑옷을 입고, 검과 긴 창을 가지고 다녔다. 칼은 기사의 가장 중요한 무기인 동시에 기사의 신분을 나타내는 것이었다. 기사들이 사용하던 검은 양날로, 백병전을 할 때 꼭 필요한 것이었다. 검의 양날을 사용해서 양쪽의 적을 상대할 수 있었다. 또 검은 상대의 갑옷의 틈새를 찌를 수 있게 길고 뾰족하게 만들어졌다. 검의 길이는 80~95㎝였고 칼날의 폭은 3~5cm정도 되는데, 곧고 매우 날카로워서 깊숙이 찔리면 치명적인 상처를 입었다.

검과 함께 기사들이 많이 사용했던 무기가 긴 창이었다. 길이가 3.6~4.5m이고 무게가 3.5~4kg이나 되었다. 기사가 힘껏 말을 달려 상대에게 창을 꽂으면 아무리 갑옷을 입고 있어도 순식간에 갑옷을 꿰뚫어 깊은 상처를 입게 되었다. 달리는 속도를 이용한 공격이었다. 또 창과 도끼를 결합시킨 창도끼도 있었는데, 한쪽 끝에는 도끼날이, 반대쪽 끝에는 기병들을 말에서 끌어내릴 수 있는 송곳이 달려 있어서 보기만 해도 등골이 서늘해지는 무기였다.

중세 시대에 사용된 무기 중에는 쇠뇌가 있었다. 활의 일종인 쇠뇌는 최대 사정거리가 300m나 되었고, 적중률이 뛰어나 총기류가 도입될 때까지 중세를 대표하는 장거리 공격용 무기였다. 중세 기사들의 갑옷은 날이 갈수록 발달하여 판금으로 된 갑옷을 제작하게 되었다. 또 머리는 물론 목까지 덮을 수 있는 투구도 나왔다.

중세 기사의 갑옷은 복잡했다. 머리에는 투구를 쓰고, 몸에는 가죽이나 천을 여러 겹 누비옷과 쇠사슬 갑옷을 입고, 그 위에 철판 겉옷을 걸쳤다. 다리에 정강이 보호대를 차고, 쇠 장갑을 끼고, 검과 창, 손도끼를 든 다음, 방패까지 들게 되면 그 무게는 70kg이 넘었다고 한다. 무거운 갑옷이었지만 이음새 연결 기술이 매우 발달하여 전투를 할 때에는 별 불편함이 없었다. 중세 기사들 대부분이 이렇게 중무장을 했던 것에 반하여, 이슬람이나 몽골의 무사들은 날렵하게 움직일 수 있도록 가볍게 무장했다. 이들이 전쟁에서 맞붙게 되면 가볍게 무장한 이슬람이나 몽골의 무사들이 중무장한 중세 유럽의 기사들을 압도할 때가 많았다. 재빨리 움직이면서 자기편이 유리한 기회를 찾아 싸웠기 때문이다.

중세 시대는 성벽의 시대이므로 성벽을 공격하기 위한 다양한 무기가 개발되었다. 가장 대표적인 것은 돌을 쏘아 올리는 투석기이다. 중세 시대의 투석기는 18~27kg 정도의 돌을 약 400m 가까이 쏘아 올릴 수 있었다. 중국의 포차와 같은 것이었다. 충차도 있었는데, 통나무로 만든 전차 앞쪽에 '공성추'라고 불리는 커다란 쇠뭉치를 달아서 성문을 부셨다.

여행 준비물

1. 여권
여권은 반드시 필요한 준비물이다. 의외로 여권을 놓치고 당황하는 여행자도 있으니 주의하자. 유효기간이 6개월 미만이면 미리 갱신하여야 문제가 발생하지 않는다.

2. 환전
즈워티(zł)을 현금으로 준비하는 것이 가장 효율적이다. 예전에는 은행에 잘 아는 누군가에게 부탁해 환전을 하면 환전수수료가 저렴하다고 했지만 요즈음은 인터넷 상에 '환전우대권'이 많으므로 이것을 이용해 환전수수료를 줄여 환전하면 된다.

3. 여행자보험
물건을 도난당하거나 잃어버리든지 몸이 아플 때 보상 받을 수 있는 방법은 여행자보험에 가입해 활용하는 것이다. 아플 때는 병원에서 치료를 받고 나서 의사의 진단서와 약을 구입한 영수증을 챙겨서 돌아와 보상 받을 수 있다. 도난이나 타인의 물품을 파손 시킨 경우에는 경찰서에 가서 신고를 하고 '폴리스리포트'를 받아와 귀국 후에 보험회사에 절차를 밟아 청구하면 된다. 보험은 인터넷으로 가입하면 1만원 내외의 비용으로 가입이 가능하며 자세한 보상 절차는 보험사의 약관에 나와 있다.

4. 여행 짐 싸기
짧은 일정으로 다녀오는 폴란드 여행은 간편하게 싸야 여행에서 고생을 하지 않는다. 돌아올 때는 면세점에서 구입한 물건이 생겨 짐이 늘어나므로 가방의 60~70%만 채워가는 것이 좋다. 주요물품은 가이드북, 카메라(충전기), 세면도구(숙소에 비치되어 있지만 일부 호텔에는 없는 경우도 있음), 수건(해변을 이용할 때는 큰 비치용이 좋음), 속옷, 상하의 1벌, 신발(운동화가 좋음)

5. 한국음식

고추장/쌈장

각종 캔류

즉석밥

라면

6. 준비물 체크리스트

분야	품목	개수	체크(V)
생활용품	수건(수영장이나 바냐 이용시 필요)		
	썬크림		
	치약(2개)		
	칫솔(2개)		
	샴푸, 린스, 바디샴푸		
	숟가락, 젓가락		
	카메라		
	메모리		
	두통약		
	방수자켓(우산은 바람이 많이 불어 유용하지 않음)		
	트레킹화(방수)		
	슬리퍼		
	멀티어뎁터		
	패딩점퍼(겨울)		
식량	쌀		
	커피믹스		
	라면		
	깻잎, 캔 등		
	고추장, 쌈장		
	김		
	포장 김치		
	즉석 자장, 카레		
약품	감기약, 소화제, 지사제		
	진통제		
	대일밴드		
	감기약		

사용중인 고속도로
공사중인 고속도로
계획중인 고속도로

폴란드 도로 상황

바르샤바와 크라쿠프는 309km로 자동차 4~5시간 정도면 이동이 가능하며, 이외에 비행기 버스, 기차도 가능하다. 바르샤바와 그단스크는 자동차로 이동시, 394km 3~4시간 정도 소요되며 매일 20회의 버스 운행을 하고 있다. 폴란드를 여행하면 렌트카로 여행하는 것이 편리하다는 것을 알게 된다.

렌트카로 여행을 하다보면 각국의 도로 사정을 파악하는 것이 중요하다는 사실을 알게 된다. 먼저 폴란드를 여행하면서 고속도로는 이용하지 않는다.

1. 험하게 운전한다

폴란드의 고속도로는 120km/h가 최대속도이지만 대부분의 차들은 140~150을 넘나들며 운전하고 느리게 가는 차들에게는 깜박이를 켜면서 차선을 내어주라고 한다. 그리고 반드시 1차선으로 운전하고 추월할 때만 2차선으로 이동하여 추월하고 다시 1차선으로 돌아오는 도로의 운전방법을 철저히 지키므로 추월할 때도 조심해야 한다.

2. 국도를 이용한다

폴란드의 대부분의 도로는 국도이다. 어느 도시를 가든 국도를 이용하여 가게 된다. 그러므로 사전에 몇 번 도로를 이용해 갈지 확인하고 이동하는 것이 좋다.

3. 고속도로

바르샤바에서 그단스크나 크라쿠프를 이동하려면 반드시 고속도로를 이용해야 자동차로 갈 수 있다. 그런데 폴란드는 고속도로 통행료가 비싸므로 사전에 비용을 확인해야 한다. 하지만 고속도로를 이용하면 빠르게 이동할 수 있으므로 국도보다 편리하다. 바르샤바에서 독일의 베를린과 서부의 브로츠와프를 지나 독일의 프랑크푸르트를 갈 때는 고속도로가 이어져 편리하게 나라와 나라사이를 이동할 수 있다.

폴란드 렌트카 예약하기

글로벌 업체 식스트(SixT)

1 식스트 홈페이지(www.sixt.co.kr)로 들어간다.

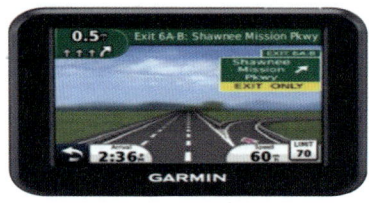

3 Car Reservation에서 여행 날짜별, 장소별로 정해서 선택하고 밑의 Calculate price를 클릭한다.

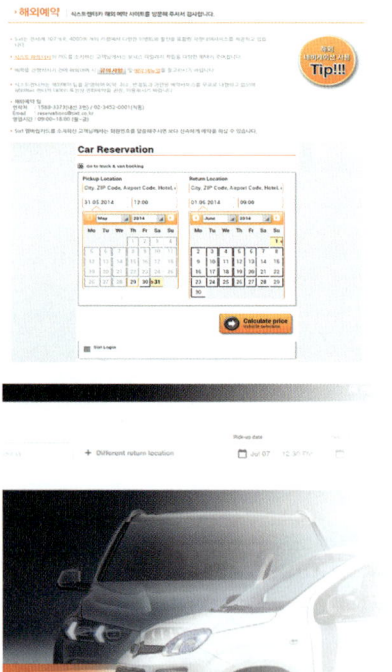

2 좌측에 보면 해외예약이 있다. 해외예약을 클릭한다.

4 차량을 선택하라고 나온다. 이때 세 번째 알파벳이 "M"이면 수동이고 "A"이면 오토 (자동)이다. 우리나라 사람들은 대부분 오토 를 선택한다. 차량에 마우스를 대면 Select Vehicle이 나오는데 클릭을 한다.

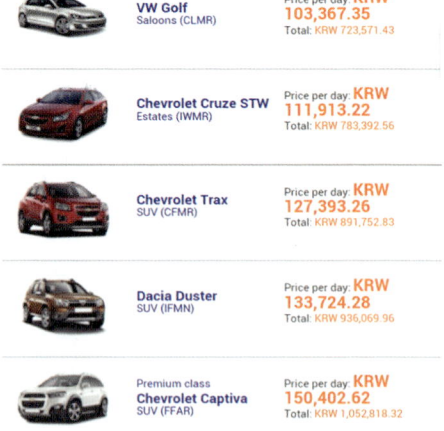

	VW Golf Saloons (CLMR)	Price per day: **KRW** **103,367.35** Total: KRW 723,571.43
	Chevrolet Cruze STW Estates (IWMR)	Price per day: **KRW** **111,913.22** Total: KRW 783,392.56
	Chevrolet Trax SUV (CFMR)	Price per day: **KRW** **127,393.26** Total: KRW 891,752.83
	Dacia Duster SUV (IFMN)	Price per day: **KRW** **133,724.28** Total: KRW 936,069.96
	Premium class **Chevrolet Captiva** SUV (FFAR)	Price per day: **KRW** **150,402.62** Total: KRW 1,052,818.32

5 차량에 대한 보험을 선택하라고 나오면 보험금액을 보고 선택한다.

6 Pay upon arrival은 현지에서 차량을 받을 때 결재한다는 말이고, Pay now online은 바로 결재한다는 말이니 본인이 원하는 대로 선택하면 된다.

이때 온라인으로 결재하면 5%정도 싸지지만 취소할때는 3일치의 렌트비를 떼고 환불을 받을 수 있다는 것도 알고 선택하자. 다 선택하면 Accept rate and extras를 클릭하고 넘어간다.

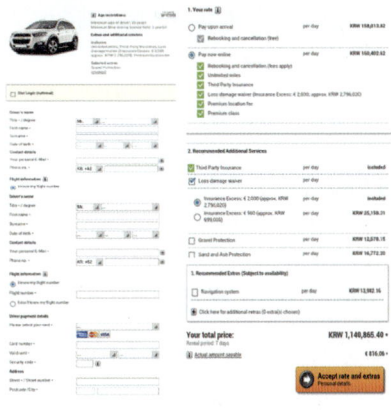

7 세부적인 결재정보를 입력하는데 *가 나와있는 부분만 입력하고 밑의 Book now를 클릭하면 예약번호가 나온다.

8 예약번호와 가격을 확인하고 인쇄해 가거나 예약번호를 적어가면 된다.

9 이제 다 끝났다. 현지에서 잘 확인하고 차량을 인수하면 된다.

Dear Mr. CHO,

Many thanks for your Reservation. We wish you a good trip.

Your Sixt Team

Reservation number: 9810507752

Location of Sixt pick-up branch: Please check in advance the details of your vehicle's pickup.

Your reservation:

FFAR - Samp

- Pickup: Ket
- Return: Ket
- Rental leng
- miles: unlir

Please find

가민 내비게이션 사용방법

1 전원을 켜면 Where To? 와 View Map의 시작화
면이 보인다.

2 Where To?를 선택하면, 위치를 찾는 여러 방법
이 뜬다.

- Address
  street 이름과 번지수로 찾기 때문에, 주소를 정확
  히 알 때 사용
- Points of interest
  관광지, 숙소, 레스토랑 등 현 위치에서 가까운
  곳 위주로 검색할 때 좋다.
- Cities
  도시를 찾을 때
- Coordinates
  위도와 경도를 알 때 사용하며, 가장 정확할 수 있다.

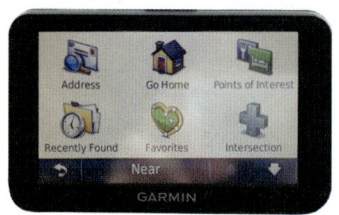

3 위치를 찾으면 바로 **출발(Go), 즐겨찾기(Favoites)**에 저장(Save)해 놓을지를 정하면 된
다. 바로 간다면, 그냥 **출발(GO)**를 누를 수도 있지만, 위치를 한번 클릭해준 후(이때 위
치 다시 확인) **출발(GO)**를 누르면 안내가 시작된다.

저장(Save)를 선택하면 그 위치가 다시 한 번 뜨고 이름을 입력할 수 있다. 이 내용이
두 번째 화면의 **즐겨찾기(Favorites)**에 저장되고, 즐겨찾기처럼, 시작화면의 즐겨찾기를
클릭하면 언제든지 확인할 수 있다.

■ 우리나라의 내비게이션과 조금 다른 점

1 전체 노선을 보기가 어렵다. 일단 길찾기를 시작하면, 화면을 옆으로 미끄러지듯 터치
하면 대략의 노선을 보여주지만, 바로 근처의 노선만 확인할 수 있다.
2 우리나라 내비게이션처럼 1㎞, 500m, 200m앞 좌회전. 이런 식으로 반복해서 안내하지
않으므로, 대략적 노선과 길 번호 정도는 알아두면 좋다.
3 즐겨찾기[Favorites]를 활용하여, 이미 정해진 숙소나 갈 곳은 입력해놓고(주소[address]나 좌표
[coordinates]를 이용), 그때마다 도시[cities], 관심포인트[points of interest]를 사용하여 검색하면 거
의 못 찾는 것이 없다. 또 폴란드 테마별로 잘 만들어져 있어서, 인포메이션이나 호스
텔, 렌터카회사 등에서 지도를 구하면 지도만 보고도 운전할 수 있을 정도로 도로정비
와 표지판이 정확하다. 걱정하지 말자.

교통표지판

각 나라의 글자는 달라도 부호는 같다. 도로 표지판에 쓰인 교통표지판은 전 세계를 통일 시켜놓아서 큰 문제가 생기지 않는다. 그래서 표지판을 잘 보고 운전해야 한다. 다만 폴란드에서만 볼 수 있는 교통 표지판이 있어 미리 알고 떠나는 것이 좋다.

주정차 금지

주차금지

속도제한

속도제한 해제

제한구역 해제

추월금지 해제

반대편 차량우선

차량통행금지

진입금지

추월금지

양보

전방 도로폭 감소

전방 신호등

양방향도로

위험

전방 로터리
(회전교차로)

교차로
현주행차선 우선

고속도로 시작

고속도로 종료

권장속도

라운드어바웃

해외 렌트보험

■ 자차보험 | CDW(Collision Damage Waiver)
운전자로부터 발생한 렌트 차량의 손상에 대한 책임을 공제해 주는 보험이다.(단, 액세서리 및 플렛 타이어, 네이게이션, 차량 키 등에 대한 분실 손상은 차량 대여자 부담)
CDW에 가입되어 있더라도 사고시 차량에 손상이 발생할 경우 임차인에게 '일정 한도 내의 고객책임 금액CDW NON-WAIVABLE EXCESS이 적용된다.

■ 대인/대물보험 | LI(LIABILITY)
유럽렌트카에서는 임차요금에 대인대물 책임보험이 포함되어 있다. 최대 손상한도는 무제한이다. 해당 보험은 렌터카 이용 규정에 따라 적용되어 계약사항 위반 시 보상 받을 수 없습니다.

■ 도난보험 | TP(THEFT PROTECTION)
차량/부품/악세서리 절도, 절도미수, 고의적 파손으로 인한 차량의 손실 및 손상에 대한 재정적 책임을 경감해주는 보험이다.
사전 예약 없이 현지에서 임차하는 경우, TP가입 비용이 추가 되는 경우가 많다. TP에 가입되어 있더라도 사고 시 차량에 손상이 발생할 경우 임차인에게 '일정 한도 내의 고객책임 금액TP NON-WAIVABLE EXCESS'이 적용된다.

■ 슈퍼 임차차량 손실면책 보험 | SCDW(SUPER COVER)
일정 한도 내의 고객책임 금액(CDW NON-WAIVABLE EXCESS)'와 'TP NON-WAIVABLE EXCESS'를 면책해주는 보험이다.
슈퍼커버SUPER COVER보험은 절도 및 고의적 파손으로 인한 임차차량 손실 등 모든 손실에 대해 적용된다. 슈퍼거버보험이 적용되지 않는 경우는 차량 열쇠 분실 및 파손, 혼유사고, 네이베이션 및 인테리어이다. 현지에서 임차계약서 작성 시 슈퍼커버보험을 선택, 가입할 수 있다.

■ 자손보험 | PAI(Personal Accident Insurance)
사고 발생시, 운전자(임차인) 및 대여 차량에 탑승하고 있던 동승자의 상해로 발생한 사고 의료비, 사망금, 구급차 이용비용 등의 항목으로 보상받을 수 있는 보험이다.
유럽의 경우 최대 40,000유로까지 보상이 가능하며, 도난품은 약 3,000유로까지 보상이 가능하다.
보험 청구의 경우 사고 경위서와 함께 메디칼 영수증을 지참하여 지점에 준비된 보험 청구서를 작성하여 주면 된다. 해당 보험은 렌터카 이용 규정에 따라 적용되며, 계약사항 위반 시 보상받을 수 없다.

유료 주차장 이용하기

폴란드에서는 대부분은 유료 주차장이다. 일부 유료주
차장은 2시간은 무료이므로 2시간이 지나면 주차비를
내면 된다. 또한 차량에 사진의 시계그림처럼 차량에
부착을 하여 자신이 주차한 시간을 볼 수 있도록 해 놓
아야 한다.
주차장에서 나올 때 주차요금 미터기에 돈을 넣고 원
하는 시간을 누른다. 이 주차 표시증은 경찰서에 가서
받을 수 있다.

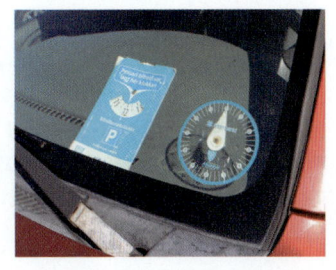

운전 사고

폴란드에서 운전할 때 도로에서 빠르게 가는 차들로 위험하지는 않지만 비가 오거나 바람
이 많이 불어 도로가 위험해질 경우도 있다. 그럴 때는 갓길에 주차하고 잠시 쉬었다 가는
편이 좋다. "비가 오거든 30분만 기다리라"라는 속담처럼 하루에도 몇 번씩 기상상황이
바뀔 수 있기 때문에, 잠시 쉬었다가 날씨의 상태를 보고 운전을 계속 하는 편이 낫다. 렌
트카를 운전할 때 도로가 나빠서 차량이 도로에 빠지는 경우는 많지만 차량끼리의 충돌사
고는 거의 일어나지 않는다.

우리나라 사람들이 렌트카 여행할 때, 자동차 사고는 대부분이 여행의 기쁜 기분에 '방심'
하여 사고가 난다. 안전벨트를 꼭 매고, 렌트카 차량보험도 필요한 만큼 가입하고 렌트해
야 한다. 다른 나라에 가서 남의 차 빌려서 운전하면서 우리나라처럼 편안한 마음으로 운
전할 수는 없다. 그러다 오히려 사고가 나니 적당한 긴장은 필수적이다.

그러나 혹시라도 사고가 난다면

사고가 나도 처리는 렌트카에 들어있는 보험이 있으니 크게 걱정할 필요는 없다. 차를 빌
릴 때 의무적으로, 나라마다 선택해야 하는 보험을 들으면 거의 모든 것을 해결해 준다.
렌트카는 차량인수 시에 받는 보험서류에 유사시 연락처가 크고 굵직한 글씨로 나와있다.
회사마다 내용은 조금씩 다르지만 폴란드의 어느 지역에서든지 연락하면 30분 정도면 누
군가 나타난다. 그래서 혹시 걱정이 된다면 식스트나 허츠같은 한국에 지사를 둔 글로벌
렌트카업체를 선택하면 한국으로 전화를 하여 도움을 받을 수도 있다.

렌트카는 보험만 제대로 들어있다면 차를 본인의 잘못으로 망가뜨렸다고 해도, 본인이 물
어내는 돈은 없고 오히려 새 차를 주어 여행을 계속하게 해 준다. 시간이 지체되어 하루 이
상의 시간이 걸리면 호텔비도 내주는 경우가 있다. 그래서 렌트카는 차량을 반납할 때 미
리 낸 차량보험료가 아깝지만 사고가 난다면 보험만큼 고마운 것도 없다.

도로 사정

폴란드 도로는 일부 비포장도로를 제외하면 운전하기가 편하다. 운전에서도 우리나라와 차이가 거의 없다. 왕복 2차선 도로로 시속 90㎞정도의 속도를 낼 수 있다.

폴란드의 아름다운 자연을 보면서 가기 때문에 속도를 높여서 이동할 일은 별로 없다. 일부 오프로드가 있고 그 오프로드는 운전을 피하라고 권하고 있다. 또한 렌트카를 오프로드에서 운전하다가 고장이 나면 많은 추가비용이 나오기 때문에 오프로드를 운전할 거라면 보험을 풀full 보험으로 해 놓고 렌트하는 것이 좋다.

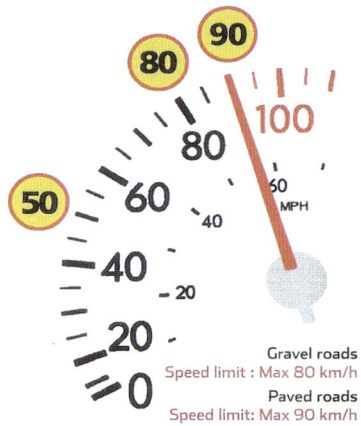

Gravel roads
Speed limit : Max 80 km/h
Paved roads
Speed limit: Max 90 km/h

도로 운전 주의사항

폴란드를 렌트카로 여행할 때 걱정이 되는 것은 도로에서 "사고가 나면 어떡하지?"하는 것이 가장 많다. 지금, 그 생각을 하고 있다면 걱정일 뿐이다.
도로는 수도를 제외하면 차량의 이동이 많지 않고 제한속도가 90㎞로 우리나라의 100㎞보다도 느리기 때문에 운전 걱정은 하지 않아도 된다.

수도를 제외하면 도로에 차가 많지 않아 운전을 할 때 오히려 차량을 보면 반가울 때도 있다. 렌트카로 운전할 생각을 하다보면 단속 카메라도 신경써야 할 것 같고, 막히면 다른 길로 가거나 내 차를 추월하여 가는 차들이 많아서 차선을 변경할 때도 신경을 써야 할거 같지만 폴란드는 중간 중간 아름다운 장소가 너무 많아 제한속도인 90㎞로 그 이상의 속도도 잘 내지 않게 되고, 수도를 제외하면 단속 카메라도 거의 없다.

시내도로

① 안전벨트 착용

우리나라도 안전벨트를 매는 것이 당연해지기는 했지만 아직도 안전벨트를 하지 않고 운전하는 운전자들이 있다. 안전벨트는 차사고에서 생명을 지켜주는 생명벨트이기 때문에 반드시 착용하고 뒷좌석도 착용해야 한다.

운전자는 안전벨트를 해도 뒷좌석은 안전벨트를 하지 않는 경우가 많은데 뒷좌석에 탔다고 사고가 나지않는 것은 아니다. 혹시 어린아이를 태우고 렌트카를 운전한다면 아이들은 모두 카시트에 앉혀야 한다. 카시트는 운전자가 뒷좌석의 카시트를 볼 수 있는 위치에 놓는 것이 좋다.

② 도로의 신호등은 대부분 오른쪽 길가에 서 있고 도로 위에는 신호등이 없다.

신호등이 도로 위에 있지 않고 사람이 다니는 인도 위에 세워져 있다. 신호등이 도로 위에 있어도 횡단보도 앞쪽에 있다. 그렇기 때문에 횡단보도위의 정지선을 넘어가서 차가 정지하면 신호등의 빨간불인지 출발하라는 파란불인지를 알 수 없다.

마을진입 표지판

자연스럽게 정지선을 조금 남기고 멈출 수밖에 없다. 횡단보도에는 신호등이 없는 경우도 있으니 횡단보도에서는 반드시 지정 속도를 지키도록 하자.

마을 나왔다는 표지판

③ 비보호 좌회전이 대부분이다.

우리나라는 좌회전 표시가 있는 곳에서만 좌회전이 된다. 이것도 아직 모르는 운전자가 많다는 것을 상담을 통해 알게 되었다. 폴란드는 좌회전 표시가 없어도 다 좌회전이 된다. 그래서 더 조심해야 한다. 반드시 차가 오지 않음을 확인하고 좌회전해야 한다.

④ 신호등 없는 횡단보도에서도 잠시 멈추었다가 지나가자.

횡단보도에서는 항상 사람이 먼저다. 하지만 우리는 횡단보도를 건널 때 신호등이 없다면 양쪽의 차가 진입하는지 다 보고 건너야 하지만, 폴란드는 건널목에서 항상 사람이 우선이기 때문에 차가 양보해야 한다. 그래서 차가 와도 횡단보도를 지나가는 사람들이 많다. 근처에 경찰이 있다면 걸려서 벌금을 물어야 할 것이다.

⑤ 시골 국도라고 과속하지 말자.

차량의 통행량이 많지 않아 과속하는 경우가 있다. 혹시 과속을 하더라도 마을로 들어서면 30㎞까지 속도를 줄이라는 표시를 보게 된다. 절대 과속으로 사고를 내지 말아야 한다. 렌트카의 사고 통계를 보면 주택가나 시골로 이동하면서 긴장이 풀려서 사고가 나는 경우가 대부분이라고 한다.

사람이 없다고 방심하지 말고 신호를 지키고 과속하지 말고 운전해야 사고가 나지 않는다. 우리나라의 운전자들이 폴란드에서 운전할 때 과속카메라가 거의 없다는 것을 확인하고 경찰차도 거의 없는 것을 알고 과속을 하는 경우가 많다. 재미있는 여행을 하려면 과속하지 않고 운전하는 것이 중요하다. 마을로 들어가서 제한속도는 대부분 30~40㎞인데 마을 입구에 제한속도 표지를 볼 수 있다.

⑥ 교차로의 라운드 어바웃이 있으니 운행방법을 알아두자.

우리나라에도 교차로의 교통체증을 줄이기 위해 라운드 어바웃을 도입하겠다고 밝히고 시범운영을 거쳐 점차 늘려가고 있다. 하지만 아직까지 우리에게는 어색한 교차로방식이다. 폴란드에는 교차로에서 라운드 어바웃Round About을 이용하는 교차로가 대부분이다.

라운드 어바웃방식은 원으로 되어있어서 서로 서로가 기다리지 않고 교차해가도록 되어 있다. 교차로의 라운드 어바웃은 꼭 알아두어야 할 것이 우선순위이다.
통과할 때 우선순위는 원안으로 먼저 진입한 차가 우선이다. 예를 들어 정면에서 내 차와 같은 시간에 라운드 어바웃 원으로 진입하는 차가 있다면 같이 진입해도 원으로 막혀 있어서 부딪칠 일이 없다. 하지만 왼쪽에서 벌써 라운드 어바웃으로 진입해 돌아오는 차가 있으면 '반드시' 먼저 라운드 어바웃 원으로 들어가서는 안 된다. 안에서 돌면서 오는 차를 보았다면 정지했다가 차가 지나가면 진입하고 계속 온다면 어쩔 수 없이 다 지나간 후 라운드 어바웃 원으로 진입해야 한다.

폴란드은 우리나라와 같은 좌측통행시스템이기 때문에 왼쪽에서 오는 차가 거리가 있다면 내 차로 왼쪽 차가 부딪칠 일이 없다고 판단되면 원으로 진입하면 된다. 라운드 어바웃이 크면 방금 진입한 차가 있다고 해도 충분한 거리가 되므로 들어가기가 어렵지 않다.

라운드 어바웃 방식에서 차가 많아 진입하기가 힘들다면 원안에 진입한 차의 뒤를 따라 가다가 내가 원하는 출구방향 도로에서 나가면 되고 나가지 못했다면 다시 한 바퀴를 돌고 나가면 되기 때문에 못 나갔다고 당황할 필요가 없다.

7 교통규칙을 잘 지켜야 한다.

예를 들어 큰 도로로 진입할때는 위험하게 끼어들지 말고 큰 도로의 차가 지나간 다음에 진입하자. 매우 당연한 말이지만 우리나라는 큰 도로에 차가 있음에도 끼어드는 차들이 많아 위험할 때가 있지만 차가 많지가 않아서 큰 도로의 차가 지나간 후 진입하면 사고도 나지 않고 위험한 순간이 발생하지 않는다.

8 교통규칙중에서도 정지선을 잘 지켜야 한다.

교차로에서 꼬리물기를 하면 우리나라도 이제는 딱지를 끊는다. 아직도 우리에게는 정지선을 지키지 않는 운전자들이 많지만 폴란드에서는 정지선을 정말 잘 지킨다. 정지선을 지키지 않고 가다가 사고가 나면 불법으로 위험한 상황이 발생할 수 있다. 정지선을 지키지 않아 사고가 나면 사고의 책임은 본인에게 있다.

도로

1 도로는 대부분 왕복 2차선인데 앞차를 추월하려고 하면 반대편에서 오는 차와 충돌사고 위험이 있어 반대편에서 차량이 오는지 확인해야 한다.

수도를 제외하면 대부분의 도로가 한산하다. 가끔 앞의 차량이 서행을 하고 있어 앞차를 추월하려고 할 때 반대편에서 오는 차량이 있는지 확인을 하고 앞차를 추월해야 한다. 반대편에서 오는 차량과 정면 충돌의 위험이 있으니 조심하자. 관광지에서나 차량이 많지 대부분은 한산한 도로이기 때문에 마음의 여유를 가지고 운전하기 바란다.

2 한산한 도로라서 졸음운전의 위험이 있다.

7~8월 때의 관광객이 많은 때를 제외하면 차량이 많지 않다. 어떤 때는 1시간 동안 한 대도 보지 못하는 경우가 있어 오히려 심심하다. 심심한 도로와 아름다운 자연을 보고 이동하고 있노라면 졸음이 몰려와 반대편 도로로 진입하는 경우가 생길 수 있다.

졸음이 몰려오면 차량을 중간중간에 위치한 갓길에 세워두고 쉬었다가 이동하자. 쉬었다가 이동해도 결코 늦지 않다.

주유소에서 셀프 주유

셀프 주유소가 대부분이다. 기름값은 우리나라보다 조금 저렴하다. 비싼 기름가격을 생각했다면 우리나라보다 저렴한 기름값에 놀라워할 것이다.
큰 도시를 제외하고는 주유소의 거리가 멀어 운전을 하다가 기름이 중간 이하로 된다면 주유를 하는 것이 좋다. 기름을 넣는 방법은 쉽다.

셀프 주유 순서

1 렌트한 차량에 맞는 기름의 종류를 선택하자. 렌트할 때 정확히 물어보고 적어놓아야 착각하지 않는다.

2 주유기 앞에 차를 위치시키고 시동을 끈다.

3 자동차의 주유구를 열고 내린다.

4 신용카드를 넣고 화면에 나오는 대로 비밀번호와 원하는 양의 기름값을 선택한다. (잘 모르더라도 주유한 만큼만 계산되니 직접하지 않아도 된다.)

5 차량에 맞는 유종을 선택한다. (렌트할 때 휘발유인지 경유인지 확인한다.)

6 주유기의 손잡이를 들어 올린다. (혹시 주유기의 기름이 나오지 않을때는 당황하지 말고 눈금이 '0'으로 돌아간 것을 확인한다.
0으로 안 되어있으면 기름이 나오지 않기 때문이다. 잘 모르면 카운터에 있는 직원에게 문의한다.)

7 주유구에 넣고 주유기 손잡이를 쥐면 주유를 할 수 있다.

8 주유를 끝내면 주유구 마개를 닫고 잠근다.

9 현금으로 기름값을 계산하려면 카운터로 들어가서 주유기의 번호를 이야기하면 요금이 나와 있다.

이 모든 것을 처음에 잘 모르겠다면 카운터로 가서 설명해 달라고 하면 친절하게 설명하고 시범을 보여주기도 한다.

옆에 기름을 주유하는 사람에게 설명을 요청하면 역시 친절하게 설명해 주기 때문에 걱정하지 않아도 된다. 경유와 휘발유를 구분하지 못해서 걱정을 하는 여행자들도 있지만 주로 디젤의 주유기는 디젤이라고 적혀 있고 다른 하나의 손잡이는 휘발유다. 하지만 처음에 기름을 넣을때는 디젤인지 휘발유인지 확인하고 주유해야 잘못 넣는 경우를 방지할 수 있다.

셍겐 조약

폴란드는 셍겐 조약 가입국이다. 폴란드을 장기로 여행하려는 관광객들이 갑자기 듣는 단어가 '셍겐 조약'이라는 것이다.

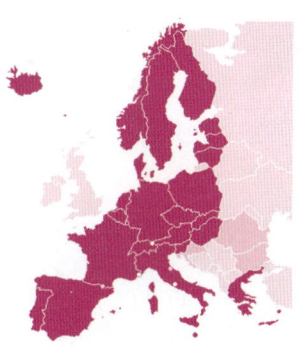

셍겐 조약은 무엇일까?

유럽 26개 국가가 출입국 관리 정책을 공동으로 관리하여 국경 검문을 최소화하고 통행을 편리하게 만든 조약이다. 셍겐 조약에 동의한 국가 사이에는 검문소가 없어서 표지판으로 국경을 통과했는지 알 수 있다. EU와는 다른 공동체로 국경을 개방하여 물자와 사람간의 이동을 높여 무역을 활성시키고자 처음에 시작되었다.

셍겐 조약 가입국에 비자 없이 방문할 때는 180일 내(유럽국 가중에서 셍겐 조약 가입하지 않은 나라들에 머무를 수 있는 기간) 90일(유럽국가중에서 셍겐 조약 가입한 나라들에 머무를 수 있는 기간) 까지만 체류할 수 있다.

유럽을 여행하는 장기 여행자들은 이 조항 때문에 혼동이 된다. 폴란드는 1년에 90일 이상은 체류할 수 없다.

셍겐 조약 가입국

그리스, 네덜란드, 노르웨이, 덴마크, 독일, 라트비아, 룩셈부르크, 리투아니아, 리히텐슈타인, 몰타, 벨기에, 스위스, 스웨덴, 스페인, 슬로바키아, 슬로베니아, , 에스토니아, 오스트리아, 이탈리아, 체코, 포르투갈, 폴란드, 프랑스, 핀란드, 헝가리

폴란드
한 달 살기

Poland

솔직한 한 달 살기

요즈음, 마음에 꼭 드는 여행지를 발견하면 자꾸 '한 달만 살아보고 싶다'는 이야기를 많이 듣는다. 그만큼 한 달 살기로 오랜 시간 동안 해외에서 여유롭게 머물고 싶어 하기 때문이다. 직장생활이든 학교생활이든 일상에서 한 발짝 떨어져 새로운 곳에서 여유로운 일상을 꿈꾸기 때문일 것이다.

최근에는 한 달, 혹은 그 이상의 기간 동안 여행지에 머물며 현지인처럼 일상을 즐기는 '한 달 살기'가 여행의 새로운 트렌드로 자리잡아가고 있다. 천천히 흘러가는 시간 속에서 진정한 여유를 만끽하려고 한다. 그러면서 한 달 동안 생활해야 하므로 저렴한 물가와 주위

에 다양한 즐길 거리가 있는 도시들이 한 달 살기의 주요 지역으로 주목 받고 있다. 한 달 살기의 가장 큰 장점은 짧은 여행에서는 느낄 수 없었던 색다른 매력을 발견할 수 있다는 것이다.

사실 한 달 살기로 책을 쓰겠다는 생각을 몇 년 전부터 했지만 마음이 따라가지 못했다. 우리의 일반적인 여행이 짧은 기간 동안 자신이 가진 금전 안에서 최대한 관광지를 보면서 많은 경험을 하는 것을 하는 것이 자유여행의 패턴이었다. 하지만 한 달 살기는 확실한 '소확행'을 실천하는 행복을 추구하는 것처럼 보였다. 많은 것을 보지 않아도 느리게 현지의 생활을 알아가는 스스로 만족을 원하는 여행이므로 좋아 보였다. 내가 원하는 장소에서 하루하루를 즐기면서 살아가는 문화와 경험을 즐기는 것은 좋은 여행방식이다.

하지만 많은 도시에서 한 달 살기를 해본 결과 한 달 살기라는 장기 여행의 주제만 있어서 일반적으로 하는 여행은 그대로 두고 시간만 장기로 늘린 여행이 아닌 것인지 의문이 들었다. 현지인들이 가는 식당을 가는 것이 아니고 블로그에 나온 맛집을 찾아가서 사진을 찍고 SNS에 올리는 것은 의문을 가지게 만들었다. 현지인처럼 살아가는 것이 아니라 풍족하게 살고 싶은 것이 한 달 살기인가라는 생각이 강하게 들었다.

현지인과의 교감은 없고 맛집 탐방과 SNS에 자랑하듯이 올리는
여행의 새로운 패턴인가, 그냥 새로운 장기 여행을 하는 여행자일 뿐이 아닌가?

현지인들의 생활을 직접 그들과 살아가겠다고 마음을 먹고 살아도 현지인이 되기는 힘들다. 여행과 현지에서의 삶은 다르기 때문이다. 단순히 한 달 살기를 하겠다고 해서 그들을 알 수도 없는 것은 동일할 수도 있다. 그래서 한 달 살기가 끝이 나면 언제든 돌아갈 수 있다는 것은 생활이 아닌 여행자만의 대단한 기회이다. 그래서 한동안 한 달 살기가 마치 현지인의 문화를 배운다는 것은 거짓말로 느껴졌다.

시간이 지나면서 다시 생각을 해보았다. 어떻게 여행을 하든지 각자의 여행이 스스로에게 행복한 생각을 가지게 한다면 그 여행은 성공한 것이다. 그것을 배낭을 들고 현지인들과 교감을 나누면서 배워가고 느낀다고 한 달 살기가 패키지여행이나 관광지를 돌아다니는 여행보다 우월하지도 않다. 한 달 살기를 즐기는 주체인 자신이 행복감을 느끼는 것이 핵심이라고 결론에 도달했다.

요즈음은 휴식, 모험, 현지인 사귀기, 현지 문화체험 등으로 하나의 여행 주제를 정하고 여행지를 선정하여 해외에서 한 달 살기를 해보면 좋다. 맛집에서 사진 찍는 것을 즐기는 것으로도 한 달 살기는 좋은 선택이 된다. 일상적인 삶에서 벗어나 낯선 여행지에서 오랫동안 소소하게 행복을 느낄 수 있는 한 달 동안 여행을 즐기면서 자신을 돌아보는 것이 한 달 살기의 핵심인 것 같다.

떠나기 전에 자신에게 물어보자!

한 달 살기 여행을 떠나야겠다는 마음이 의외로 간절한 사람들이 많다. 그 마음만 있다면 앞으로의 여행 준비는 그리 어렵지 않다. 천천히 따라가면서 생각해 보고 실행에 옮겨보자.

내가 장기간 떠나려는 목적은 무엇인가?

여행을 떠나면서 배낭여행을 갈 것인지, 패키지여행을 떠날 것인지 결정하는 것은 중요하다. 하물며 장기간 한 달을 해외에서 생활하기 위해서는 목적이 무엇인지 생각해 보는 것이 중요하다. 일을 함에 있어서도 목적을 정하는 것이 계획을 세우는데 가장 기초가 될 것이다. 한 달 살기도 어떤 목적으로 여행을 가는지 분명히 결정해야 질문에 대한 답을 찾을 수 있다.

아무리 아무 것도 하지 않고 지내고 싶다고 할지라도 1주일 이상 아무것도 하지 않고 집에서만 머물 수도 없는 일이다. 런던은 휴양, 다양한 엑티비티 보다는 박물관 체험과 도서관 즐기기 등과 나의 로망여행지에서 살아보기, 내 아이와 함께 해외에서 보내보기 등등 다양하다.

목표를 과다하게 설정하지 않기

자신이 해외에서 산다고 한 달 동안 어학을 목표로 하기에는 다소 무리가 있다. 무언가 성과를 얻기에는 짧은 시간이기 때문이다. 1주일은 해외에서 사는 것에 익숙해지고 2~3주에 현지에 적응을 하고 4주차에는 돌아올 준비를 하기 때문에 4주 동안이 아니고 2주 정도이다. 하지만 해외에서 좋은 경험을 해볼 수 있고, 친구를 만들 수 있다. 이렇듯 한 달 살기도 다양한 목적이 있으므로 목적을 생각하면 한 달 살기 준비의 반은 결정되었다고 생각할 수도 있다.

여행지와 여행 시기 정하기

한 달 살기의 목적이 결정되면 가고 싶은 한 달 살기 여행지와 여행 시기를 정해야 한다. 목적에 부합하는 여행지를 선정하고 나서 여행지의 날씨와 자신의 시간을 고려해 여행 시기를 결정한다. 여행지도 성수기와 비수기가 있기에 한 달 살기에서는 여행지와 여행시기의 틀이 결정되어야 세부적인 예산을 정할 수 있다.

여행지를 선정할 때 대부분은 안전하고 날씨가 좋은 동남아시아 중에 선택한다. 예산을 고려하면 항공권 비용과 숙소, 생활비가 크게 부담이 되지 않는 태국의 방콕, 치앙마이, 태국 남부의 푸켓, 끄라비, 피피 중에서 선택하게 된다. 그럴지만 유럽에서 살아보고 싶은 사람들도 많고 런던은 항상 머물고 싶은 도시이다.

한 달 살기의 예산정하기

누구나 여행을 하면 예산이 가장 중요하지만 한 달 살기는 오랜 기간을 여행하는 거라 특히 예산의 사용이 중요하다. 돈이 있어야 장기간 문제가 없이 먹고 자고 한 달 살기를 할 수 있기 때문이다.

한 달 살기는 한 달 동안 한 장소에서 체류하므로 자신이 가진 적정한 예산을 확인하고, 그 예산 안에서 숙소와 한 달 동안의 의식주를 해결해야 한다. 여행의 목적이 정해지면 여행을 할 예산을 결정하는 것은 의외로 어렵지 않다. 또한 여행에서는 항상 변수가 존재하므로 반드시 비상금도 따로 준비를 해 두어야 만약의 상황에 대비를 할 수 있다. 대부분의 사람들이 한 달 살기 이후의 삶도 있기에 자신이 가지고 있는 예산을 초과해서 무리한 계획을 세우지 않는 것이 중요하다.

세부적으로 확인할 사항

1. 나의 여행스타일에 맞는 숙소형태를 결정하자.

지금 여행을 하면서 느끼는 숙소의 종류는 참으로 다양하다. 호텔, 민박, 호스텔, 게스트하우스가 대세를 이루던 2000년대 중반까지의 여행에서 최근에는 에어비앤비^{Airbnb}나 부킹닷컴, 호텔스닷컴 등까지 더해지면서 한 달 살기를 하는 장기여행자를 위한 숙소의 폭이 넓어졌다.

숙박을 할 수 있는 도시로의 장기 여행자라면 에어비앤비^{Airbnb}보다 더 저렴한 가격에 방이나 원룸(스튜디오)을 빌려서 거실과 주방을 나누어서 사용하기도 한다. 방학 시즌에 맞추게 되면 방학동안 해당 도시로 역으로 여행하는 현지 거주자들의 집을 1~2달 동안 빌려서 사용할 수도 있다. 그러므로 자신의 한 달 살기를 위한 스타일과 목적을 고려해 먼저 숙소형태를 결정하는 것이 좋다.

무조건 수영장이 딸린 콘도 같은 건물에 원룸으로 한 달 이상을 렌트하는 것만이 좋은 방법은 아니다. 혼자서 지내는 '나 홀로 여행'에 저렴한 배낭여행으로 한 달을 살겠다면 호스텔이나 게스트하우스에서 한 달 동안 지내는 것이 나을 수도 있다. 최근에는 아파트인데 혼자서 지내는 작은 원룸 형태의 아파트에 주방을 공유할 수 있는 곳을 예약하면 장기 투숙 할인도 받고 식비를 아낄 수 있도록 제공하는 곳도 생겨났다. 아이가 있는 가족이 여행하는 것이라면 안전을 최우선으로 장기할인 혜택을 주는 콘도를 선택하면 낫다.

2. 한 달 살기 도시를 선정하자.

어떤 숙소에서 지낼 지 결정했다면 한 달 살기 하고자 하는 근처와 도시의 관광지를 살펴보는 것이 좋다. 자신의 취향을 고려하여 도시의 중심에서 머물지, 한가로운 외곽에서 머물면서 대중교통을 이용해 이동할지 결정한다.

3. 숙소를 예약하자.

숙소 형태와 도시를 결정하면 숙소를 예약해야 한다. 발품을 팔아 자신이 살 아파트나 원룸 같은 곳을 결정하는 것처럼 한 달 살기를 할 장소를 직접 가볼 수는 없다.

대신에 손품을 팔아 인터넷 카페나 SNS를 통해 숙소를 확인하고 숙박 어플을 통해 숙소를 예약 하거나 인터넷 카페 등을 통해 예약한다. 최근에 는 호텔 숙박 어플에서 장기 숙소를 확인하기도 쉬워졌고 다양하다. 어플마다 쿠폰이나 장기간 이용을 하면 할인혜택이 있으므로 검색해 비교해 보면 유용하다.

장기 숙박에 유용한 앱

각 호텔 앱
호텔 공식 사이트나 호텔의 앱에서 패키지 상품을 선택 할 경우 예약 사이트를 이용하면 저렴하게 이용할 수 있다.

인터넷 카페
각 도시마다 인터넷 카페를 검색하여 카페에서 숙소를 확인할 수 있는 숙소의 정보를 확인할 수 있다.

에어비앤비(Airbnb)
개인들이 숙소를 제공하기 때문에 안전한지에 대해 항상 문제는 있지만 장기여행 숙소를 알리는 데 일조했다. 가장 손쉽게 접근할 수 있는 사이트로 빨리 예약할수록 저렴한 가격에 슈퍼호스트의 방을 예약할 수 있다.

호텔스컴바인, 호텔스닷컴, 부킹닷컴 등
다양하지만 비슷한 숙소를 검색할 수 있는 기능과 할인율을 제공하고 있다.

호텔스닷컴
숙소의 할인율이 높다고 알려져 있지만 장기간 숙박은 다를 수 있으므로 비교해 보는 것이 좋다.

4. 숙소 근처를 알아본다.

지도를 보면서 자신이 한 달 동안 있어야 할 지역의 위치를 파악해 본다. 관광지의 위치, 자신이 생활을 할 곳의 맛집이나 커피숍 등을 최소 몇 곳만이라도 알고 있는 것이 필요하다.

폴란드 한 달 살기 비용

폴란드는 다른 유럽 국가에 비하면 물가가 저렴한 나라이다. 항공비용은 비쌀 수도 있지만 숙박비가 저렴하다. 최근에 올라가는 물가 때문에 저렴하기는 하지만 '너무 싸다'는 생각은 금물이다.

저렴하다는 생각만으로 한 달 살기를 왔다면 실망할 가능성이 높다. 여행을 계획하고 실행에 옮기면 가장 많이 돈이 들어가는 부분은 항공권과 숙소비용이다. 또한 여행기간 동안 사용할 식비와 버스 같은 교통수단의 비용이 가장 일반적이다. 폴란드에서 한 달 살기를 많이 하는 도시는 북부의 그단스크와 남부의 크라쿠프이다. 물가가 저렴하다고 모든 것이 저렴한 것은 아니니 한 달 살기의 비용을 파악해보자.

항목	내용	경비
항공권	바르샤바로 이동하는 항공권이 필요하다. 항공사, 조건, 시기에 따라 다양한 가격이 나온다.	약 58~161만 원
숙소	한 달 살기는 대부분 아파트 같은 혼자서 지낼 수 있는 숙소가 필요하다. 홈스테이부터 숙소들을 부킹닷컴이나 에어비앤비 등의 사이트에서 찾을 수 있다. 각 나라만의 장기여행자를 위한 전문 예약 사이트(어플)에서 예약하는 것도 추천한다.	한 달 약 350,000~ 800,000원
식비	아파트 같은 숙소를 이용하려는 이유는 식사를 숙소에서 만들어 먹으려는 하기 때문이다. 대형 마트나 시장에서 장을 보면 물가는 저렴하다는 것을 알 수 있다. 외식물가는 나라마다 다르지만 대한민국과 비교해 조금 저렴한 편이다.	한 달 약 300,000~600,000원
교통비	교통비는 매우 저렴하다. 다만 다른 도시로 이동하여 관광지를 돌아보려면 투어를 이용해야 하므로 저렴한 편은 아니다. 주말에 근교를 여행하려면 추가 경비가 필요하다.	교통비 50,000~150,000원
TOTAL		128~241만 원

한 달 살기는 삶의 미니멀리즘이다.

요즈음 한 달 살기가 늘어나면서 뜨는 여행의 방식이 아니라 하나의 여행 트렌드로 자리를 잡고 있다. 한 달 살기는 다시 말해 장기여행을 한 도시에서 머물면서 새로운 곳에서 삶을 살아보는 것이다. 삶에 지치거나 지루해지고 권태로울 때 새로운 곳에서 쉽게 다시 삶을 살아보는 것이다. 즉 지금까지의 인생을 돌아보면서 작게 자신을 돌아보고 한 달 후 일상으로 돌아와 인생을 잘 살아보려는 행동의 방식일 수 있다.

삶을 작게 만들어 새로 살아보고 일상에서 필요한 것도 한 달만 살기 위해 짐을 줄여야 하며, 새로운 곳에서 새로운 사람들과의 만남을 통해서 작게나마 자신을 돌아보는 미니멀리즘인 곳이다. 집 안의 불필요한 짐을 줄이고 단조롭게 만드는 미니멀리즘이 여행으로 들어와 새로운 여행이 아닌 작은 삶을 떼어내 새로운 장소로 옮겨와 살아보면서 현재 익숙해진 삶을 돌아보게 된다.

다른 사람들과 만나고 새로운 일상이 펼쳐지면서 새로운 일들이 생겨나고 새로운 일들은 예전과 다르게 어떻다는 생각을 하게 되면 왜 그때는 그렇게 행동을 했을 지 생각을 해보게 된다. 한 달 살기에서는 일을 하지 않으니 자신을 새로운 삶에서 생각해보는 시간이 늘어나게 된다.

그래서 부담없이 지내야 하기 때문에 물가가 저렴해 생활에 지장이 없어야 하고 위험을 느끼지 않으면서 지내야 편안해지기 때문에 유럽에서는 안전한 폴란드가 최근에 각광받고 있다. 외국인에게 개방된 나라가 새로운 만남이 많으므로 동남아시아에서는 외국인에게 적대감이 없는 태국이나, 한국인에게 호감을 가지고 있는 베트남이 선택되게 된다.

새로운 음식도 매일 먹어야 하므로 내가 매일 먹는 음식과 크게 동떨어지기보다 비슷한 곳이 편안하다. 또한 대한민국의 음식들을 마음만 먹는 다면 쉽고 간편하게 먹을 수 있는 곳이 더 선호될 수 있다.

삶을 단조롭게 살아가기 위해서 바쁘게 돌아가는 대도시보다 소도시를 선호하게 되고 현대적인 도시보다는 옛 정취가 남아있는 그늑한 분위기의 도시를 선호하게 된다. 그러면서도 쉽게 맛있는 음식을 다양하게 먹을 수 있는 식도락이 있는 도시를 선호하게 된다.

그렇게 폴란드 한 달 살기에서 선택된 도시는 브로츠와프, 포즈난, 크라쿠프 등이다. 위에서 언급한 저렴한 물가, 안전한 치안, 한국인에 대한 호감도, 한국인에게 맞는 음식 등이 가진 중요한 선택사항이다.

경험의 시대

소유보다 경험이 중요해졌다. '라이프 스트리머Life Streamer'라고 하여 인생도 그렇게 산다. 스트리밍 할 수 있는 나의 경험이 중요하다. 삶의 가치를 소유에 두는 것이 아니라 경험에 두기 때문이다.

예전의 여행은 한번 나가서 누구에게 자랑하는 도구 중의 하나였다. 그런데 세상은 바뀌어 원하기만 하면 누구나 해외여행을 떠날 수 있는 세상이 되었다. 여행도 풍요 속에서 어디를 갈지 고를 것인가가 굉장히 중요한 세상이 되었다. 나의 선택이 중요해지고 내가 어떤 가치관을 가지고 여행을 떠나느냐가 중요해졌다.

개개인의 욕구를 충족시켜주기 위해서는 개개인을 위한 맞춤형 기술이 주가 되고, 사람들은 개개인에게 최적화된 형태로 첨단기술과 개인이 하고 싶은 경험이 연결될 것이다. 경험에서 가장 하고 싶어 하는 것은 여행이다. 그러므로 여행을 도와주는 각종 여행의 기술과 정보가 늘어나고 생활화 될 것이다.

세상을 둘러싼 이야기, 공간, 느낌, 경험. 당신이 여행하는 곳에 관한 경험을 제공한다. 당신이 여행지를 돌아다닐 때 자신이 아는 것들에 대한 것만 보이는 경향이 있다. 그런데 가끔씩 새로운 것들이 보이기 시작한다. 이때부터 내 안의 호기심이 발동되면서 나 안의 호기심을 발산시키면서 여행이 재미있고 다시 일상으로 돌아올 나를 달라지게 만든다. 나를

찾아가는 공간이 바뀌면 내가 달라진다. 내가 새로운 공간에 적응해야 하기 때문이다. 여행은 새로운 공간으로 나를 이동하여 새로운 경험을 느끼게 해준다. 그러면서 우연한 만남을 기대하게 하는 만들어주는 것이 여행이다.

당신이 만약 여행지를 가면 현지인들을 볼 수 있고 단지 보는 것만으로도 그들의 취향이 당신의 취향과 같을지 다를지를 생각할 수 있다. 세계는 서로 조화되고 당신이 그걸 봤을 때 "나는 이곳을 여행하고 싶어 아니면 다른 여행지를 가고 싶어"라고 생각할 수 있다. 여행지에 가면 세상을 알고 싶고 이야기를 알고 싶은 유혹에 빠지는 마음이 더 강해진다. 우리는 적절한 때에 적절한 여행지를 가서 볼 필요가 있다. 만약 적절한 시기에 적절한 여행지를 만난다면 사람의 인생이 달라질 수도 있다.

여행지에서는 누구든 세상에 깊이 빠져들게 될 것이다. 전 세계 모든 여행지는 사람과 문화를 공유하는 기능이 있다. 누구나 여행지를 갈 수 있다. 막을 수가 없다. 누구나 와서 어떤 여행지든 느끼고 갈 수 있다는 것, 여행하고 나서 자신의 생각을 바꿀 수 있다는 것이 중요하다. 그래서 여행은 건강하게 살아가도록 유지하는 데 필수적이다. 여행지는 여행자에게 나눠주는 로컬만의 문화가 핵심이다.

또 하나의 공간, 새로운 삶을 향한 한 달 살기

"여행은 숨을 멎게 하는 모험이자 삶에 대한 심오한 성찰이다"

한 달 살기는 여행지에서 마음을 담아낸 체험을 여행자에게 선사한다. 한 달 살기는 출발하기는 힘들어도 일단 출발하면 간단하고 명쾌해진다. 도시에 이동하여 바쁘게 여행을 하는 것이 아니고 살아보는 것이다. 재택근무가 활성화되면 더 이상 출근하지 않고 전 세계 어디에서나 일을 할 수 있는 세상이 열린다. 새로운 도시로 가면 생생하고 새로운 충전을 받아 힐링Healing이 된다. 한 달 살기에 빠진 것은 포르투갈의 포르투Porto와 폴란드의 그단스크를 찾았을 때, 느긋하게 즐기면서도 저렴한 물가에 마음마저 편안해지는 것에 매료되게 되었다.

무한경쟁에 내몰린 우리는 마음을 자연스럽게 닫았을지 모른다. 그래서 천천히 사색하는 한 달 살기에서 더 열린 마음이 될지도 모른다. 삶에서 가장 중요한 것은 행복한 것이다. 뜻하지 않게 사람들에게 받는 사랑과 도움이 자연스럽게 마음을 열게 만든다. 하루하루가 모여 나의 마음도 단단해지는 곳이라고 생각한다.

인공지능시대에 길가에 인간의 소망을 담아 돌을 올리는 것은 인간미를 느끼게 한다. 한 달 살기를 하면서 도시의 구석구석 걷기만 하니 가장 고생하는 것은 몸의 가장 밑에 있는 발이다. 걷고 자고 먹고 이처럼 규칙적인 생활을 했던 곳이 언제였던가? 규칙적인 생활에도 용기가 필요했나보다.

한 달 살기 위에서는 매일 용기가 필요하다. 용기가 하루하루 쌓여 내가 강해지는 곳이 느껴진다. 고독이 쌓여 나를 위한 생각이 많아지고 자신을 비춰볼 수 있다. 현대의 인간의 삶은 사막 같은 삶이 아닐까? 이때 나는 전 세계의 아름다운 도시를 생각했다. 인간에게 힘든 삶을 제공하는 현대 사회에서 천천히 도시를 음미할 수 있는 한 달 살기가 사람들을 매료시키고 있다.

한 달 살기의 대중화

코로나 바이러스의 팬데믹 이후의 여행은 단순 방문이 아닌, '살아보는' 형태의 경험으로 변화할 것이다. 만약 코로나19가 지나간 후 우리의 삶에 어떤 변화가 다가올 것인가?

코로나 바이러스 팬데믹 이후에도 우리는 여행을 할 것이다. 여행을 하지 않고 살아갈 수 있는 사회로 돌아가지는 않는다. 이런 흐름에 따라 여행할 수 있도록, 대규모로 가이드와 함께 관광지를 보고 돌아가는 패키지 중심의 여행은 개인들이 현지 중심의 경험을 제공할 수 있는 다양한 방식의 여행이 활성화될 수 있다. 많은 사람이 '살아보기'를 선호하는 지역의 현지인들과 함께 다양한 액티비티가 확대되고 있다. 코로나19로 인해 국가 간 이동성이 위축되고 여행 산업 전체가 지금까지와 다른 형태로 재편될 것이지만 역설적으로 여행 산업에는 새로운 성장의 기회가 될 수 있다.

코로나 바이러스가 지나간 이후에는 지금도 가속화된 디지털 혁신을 통한 변화를 통해 우리의 삶에서 시·공간의 제약이 급격히 사라질 것이다. 디지털 유목민이라고 불리는 '디지털 노마드'의 삶이 코로나 이후에는 사람들의 삶 속에 쉽게 다가올 수 있다. 재택근무가 활성화되는 코로나 이후의 현장의 상황을 여행으로 적용하면 '한 달 살기' 등 원하는 지역에서 단순 여행이 아닌 현지를 경험하며 내가 원하는 지역에서 '살아보는' 여행이 많아질 수 있다. 여행이 현지의 삶을 경험하는 여행으로 변화할 것이라는 분석도 상당히 설득력이 생긴다.

결국 우리 앞으로 다가온 미래의 여행은 4차 산업혁명에서 주역이 되는 디지털 기술이 삶에 밀접하게 다가오는 원격 기술과 5G 인프라를 통한 디지털 삶이 우리에게 익숙하게 가속화되면서 균형화된 일과 삶을 추구하고 그런 생활을 살면서 여행하는 맞춤형 여행 서비스가 새로 생겨날 수 있다. 그 속에 한 달 살기도 새로운 변화를 가질 것이다.

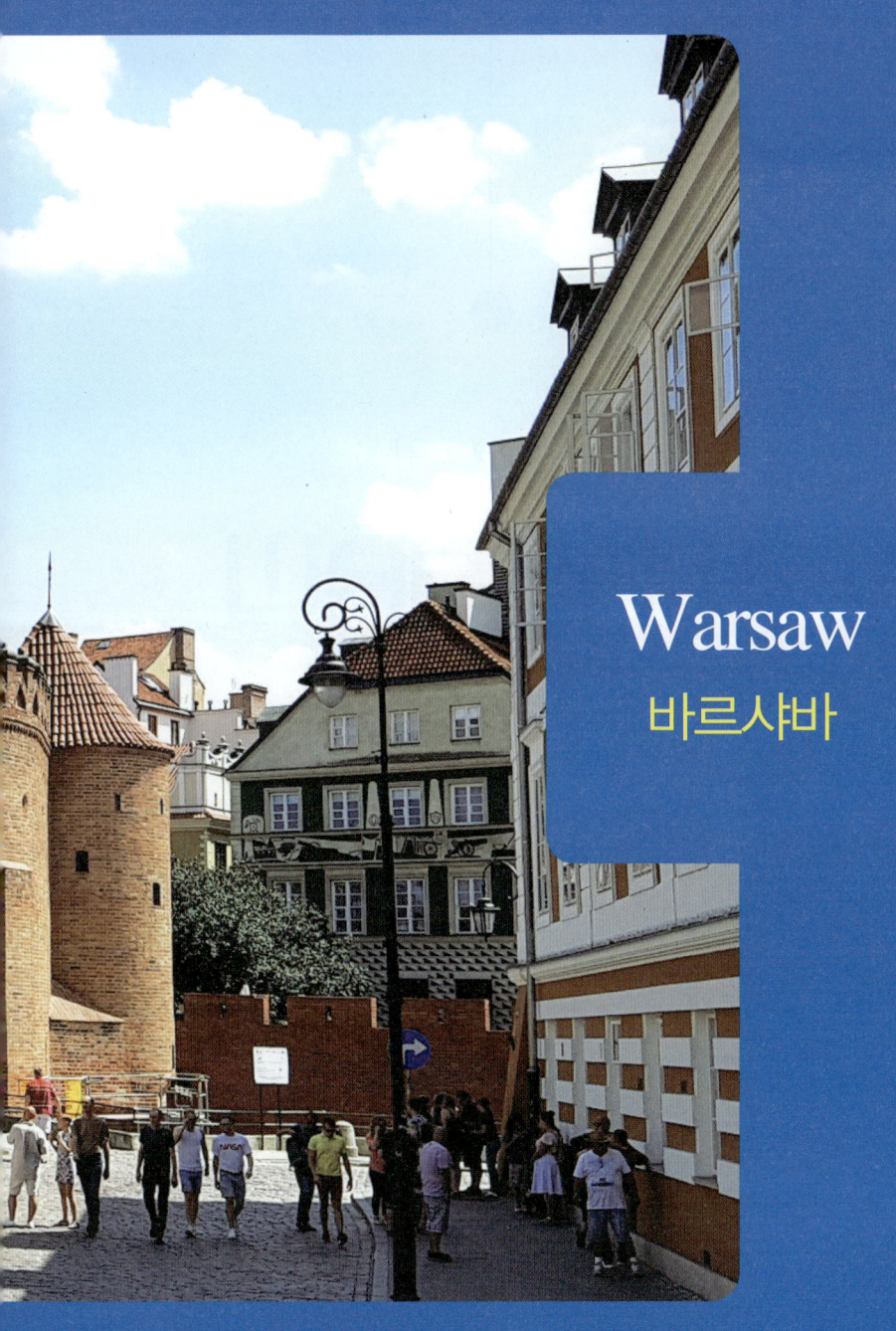

Warsaw

바르샤바

바르샤바

WARSAW

폴란드의 수도 바르샤바는 정치, 경제, 문화의 중심지이다. 폴란드는 현재 5%에 가까운 경제성장을 이루며 발전하고 있는데 폴란드를 이끄는 수도가 바르샤바이다. 바르샤바는 2차 세계대전 중에 70만 명이 넘는 시민이 죽었고 건물의 85%가 파괴되는 심각한 상처를 입었다.

1939년 바르샤바에는 약 39만 명에 가까운 유대인이 살았지만 극소수만이 살아남았다. 구시가는 2차 세계대전 중에 엄청난 파괴를 겪었지만 다시 예전 상태로 재건되었다. 도시의 풍경 대부분은 옛 모습과 공산주의 시절의 높은 건물들, 새로이 발전하는 고층빌딩이 어우러진 현대적인 모습으로 바뀌고 있다.

전쟁의 피해를 딛고 일어선 도시

지도에서 폴란드를 찾아보면 독일, 러시아, 스웨덴, 오스트리아 등 강대국들에 둘러싸여 있다. 폴란드는 강대국들의 틈바구니에 끼어 있으면서 산맥과 같은 자연 방어벽이 없어서 끊임없이 다른 나라의 침략을 받았다. 폴란드의 수도 바르샤바도 늘 침략에 시달려야 했다.

바르샤바는 13세기경에 도시가 되었는데, 1596년에 지그문트 3세가 폴란드의 수도로 삼으면서 크게 발전했다. 그런데 17세기 중반에 전염병인 페스트가 크게 번지고, 헝가리, 스웨덴 등의 침략이 잇따르면서 많은 어려움을 겪었다.

17세기 후반에 프로이센, 오스트리아, 러시아가 야금야금 폴란드 땅을 나누어 빼앗더니 1795년에는 나라가 없어져 버렸다. 바르샤바는 처음에 프로이센의 지배를 받다가 나중에 러시아의 일부가 되면서 경제적으로 크게 번영하였다. 하지만 바르샤바의 시민들은 끊임없이 러시아의 지배에 저항하는 독립운동을 벌여 제1차 세계대전이 끝날 무렵인 1918년에 마침내 폴란드 공화국으로 독립하였다.

바르샤바는 이후 빠르게 발전하였다. 바르샤바 시민들은 2차세계대전 때 독일군에 맞서 거세게 저항하였다. 독일은 이에 대한 보복으로 바르샤바 시가지를 철저하게 파괴하였다. 독일군의 폭격으로 시가지의 85%가 파괴되었고 바르샤바 시민 중에서 2/3가 목숨을 잃었다고 한다.

1945년 독일이 전쟁에 지고 물러가자, 폴란드인들은 다음 해부터 시가지를 다시 일으켜 세웠다. 도로를 만들고, 철도를 놓고, 공장을 세우는 동시에 역사적인 건축물을 복원하는 공사도 계속하였다. 오늘날 우리가 바르샤바의 아름다운 옛 건물들을 볼 수 있는 것은 벽에 난 금 하나까지도 철저하게 복원하겠다는 폴란드인들의 눈물겨운 노력이 있었기 때문이다. 그래서 바르샤바를 보면 수많은 외적의 침략에도 지지 않고 잡초처럼 일어서는 폴란드인들의 강한 생명력이 느껴진다.

바르샤바 시민들이 가장 먼저 복원한 것은 광장에 있는 시민들의 집이었다. 16~17세기에 걸쳐 바로크 양식과 르네상스 양식으로 지었던 집들이 문학 박물관, 도시 역사박물관, 레스토랑으로 사용되고 있다.

About
바르샤바

제2차 세계대전 이후에 재건된 폴란드의 수도, 바르샤바^{Warsaw}는 지금도 계속해서 성장하고 있다. 활기 넘치는 예술과 문화의 현장과 옛 것과 새로운 아름다움이 조화를 이룬 건축물을 만나볼 수 있다.

바르샤바^{Warsaw}는 제2차 세계대전 당시 거의 잿더미가 되다시피 했다. 그런 구 시가지를 정성껏 재건해 지금은 세계적으로 인정받는 세계 문화유산이 되었다. 콘크리트로 지은 소련 시기의 건물과 현대적인 유리 고층건물 옆으로 고딕 양식과 르네상스 건축물이 나란히 자리해 있다. 바르샤바의 진보적인 문화는 건축물만큼이나 다양하게 존재한다. 전쟁 기념관과 다양한 미술관을 방문하여 잘 모르는 폴란드의 문화를 느껴보자.

구 시가지에서 출발해 걸어서 바르샤바 왕의 길^{Royal Route} 투어를 떠나도 좋다. 바르샤바 왕궁과 지그문트 3세 동상^{King Zygmunt's Column} 기둥과 과거에 도시를 감싸고 있던 성곽의 일부인 바르비칸을 비롯한 바르샤바의 많은 명소를 볼 수 있는 곳이 왕의 길이다.

왕의 길^{Royal Route}를 따라 걷거나 버스를 타고 관광을 할 수 있다. 왕의 길^{Royal Route}은 바르샤바 왕궁과 빌라누프 궁전을 이어주는 도로이다. 길이가 약 10㎞에 달하는 왕의 길 도로는 대통령 궁과 바르샤바 대학교를 비롯한 역사적인 건축물과 교회를 감싸고 있다.

과학 문화 궁전^{Palace of Culture and Science}은 바르샤바에서 볼 수 있는 사회주의 시절 건축물 중 하나이다. 궁전의 시계탑은 도시 어디에서나 볼 수 있는 고층 건물로 엘리베이터를 타고 30층 테라스로 올라가 도시와 비스툴라 강의 전경을 감상할 수 있다.

바르샤바는 시민을 위한 녹지 공간이 잘 조성된 도시로 바르샤바 안에 80개가 넘는 공원이 있다. 가장 오래된 공원은 구 시가지에서 걸어서 10분이면 갈 수 있는 사슨^{Saxon} 정원이다. 과거 왕궁 정원이었던 이곳에는 여러 개의 가로수 길과 전쟁에서 목숨을 잃은 병사들의 넋을 기리는 무명용사의 묘가 있다. 40ha 규모의 공원에는 5,000여 마리의 동물이 서식하고 있는 바르샤바 동물원이 같이 있다. 또한 바르샤바가 낳은 음악의 거장, 쇼팽의 이름을 딴 도로와 기념비에서 박물관까지 도시 곳곳에서 쇼팽의 자취를 느낄 수 있는데 쇼팽의 동상도 같이 공원에 있다.

바르샤바를 방문하기 가장 좋은 시기는 공원과 노천 레스토랑에서 따뜻한 날씨를 만끽할 수 있는 5~9월까지이다. 버스나 트램, 기차를 타고 도시를 둘러보거나 시에서 운영하는 자전거 대여소에서 자전거를 빌려 타고 강 주변을 둘러봐도 좋다.

| 바르샤바 중심부 |

신시가지 광장

퀴리부인 박물관

바르샤바 역사박물관

성 안 성당

왕궁 광장

성 안나 교회

지그문트 3세 비

신시

바르샤바 봉기 기념비

라지비우 궁전

이담 비츠키예비치 상

포나토프스키 상

크라신스키 궁전

크라신스키 공원

고고학박물관

국립오페라극장

Bielońska

Senatorska

사스키공원

피우수츠키 원수 광장

바르샤바 게토 기념비

할라 미로프스카 바자르

Pl. Mirowski

Elektoralna

al. Solidarności

Sapieżyńska

Franciszkańska

Wałowa

Bonifraterska

Pawia

Dzielna

Esplika

Miła

Nowolipie

Smocza

Przechodnia

Zimna

Graniczna

Grzybowska

WARSAW

카지미에슈 궁전

바르스키 대학

비지트키 교회

코페르니쿠스 상

일마루트

성 십자가 교회

차포스키 궁전
(미술 아카데미)

쇼팽 박물관

군사 박물관

국립 박물관

국립은행 본점

중앙우체국

백화점

백화점

진화박물관

과학기술 박물관 전망대

문화과학 궁전

바르샤바 중앙역

LOT폴란드항공

111

바르샤바 IN

항공

인천공항에서 폴란드로 들어가는 직항은 폴
란드 항공 뿐이다. 폴란드는 폴란드 항공이
라는 국적기를 가지고 있지만 유럽 내의 노
선이 많지 않아 다른 유럽 도시로 이동할 경
우에는 여행자에게 도움이 많이 되지는 않
는다.

경유하는 경우에는 러시아항공을 통해 모스
크바를 경유하거나 독일의 프랑크푸르트를
거쳐 이동하는 것이 가장 빠른 방법이다.

환전 / 심카드

공항 1층에 도착해 나오면 환전소^{Kantor}와
ATM이 있다. 폴란드는 즈워티(zł)라는 자국
통화를 사용하므로 반드시 환전을 하여 시
내로 이동해야 한다. 또한 심카드도 공항에
서 바꿔끼는 것이 좋다.

폴란드는 정부가 통제하는 방식이기 때문에
여권으로 심카드^{Sim Card}에 정보를 입력해야
하는 데 관광객이 할 수 없으니 공항에서 데
이터를 이상 없이 오고가는 지 확인하자.

공항에서 시내 IN

공항에서 나오면 왼쪽 정면에 택시가 있고 오른쪽에 버스가 있다. 175번 버스가 공항에서 바르샤바 시내를 연결하는데, 중앙역을 지나 구시가지까지 지나간다.
공항에서 나와 자동판매기에서 구입을 해야 한다.(차량 내부는 신용카드로만 결제 가능 / 4.40zł)

택시

택시비는 비싸지만 다른 유럽의 국가에 비해 저렴하다. 그러므로 늦은 시간이라면 택시를 타고 시내로 이동해도 좋다. 15~30분 정도면 중앙역까지 이동하기 때문에 택시이용을 꺼려 할 필요는 없다.

기차

유레일패스를 이용해 폴란드를 여행하기는 힘들다. 그래서 폴란드 여행이 대중화되기가 힘들었을 수도 있다. 다른 유럽의 나라들은 유레일패스로 기차가 연결이 잘 되어 있어서 여행을 하기에 좋지만 폴란드는 기차노선이 대중화되지 않았다. 유레일패스가 폴란드, 체코 등의 동유럽기차는 노선이 제한적이다.

중앙역
유럽과 크라쿠프, 그단스크 등 대부분의 기차는 바르샤바 중앙역에 도착한다. 바르샤바 중

앙역사는 폴란드를 대표하는 현대적인 건물이다.

2층의 건물이지만 지하로 연결된 통로를 따라 나오면 근처에는 높은 현대적인 건물로 둘러싸여 있다.

다양한 상점과 대형마트가 있고 관광안내소에서 지도를 받고 정보를 확인하고 이동하는 것이 편리하다. 다만 중앙역 앞 도로가 넓고 복잡하기 때문에 해매지 않도록 위치를 잘 파악해야 한다.

버스

폴란드의 이동은 기차의 레일이 부족하기 때문에 주로 버스로 여행을 한다. 유로라인 이나 플릭스^{Flix} 같은 버스회사들이 운행하고 있다. 폴란드는 버스로 이동해도 7시간 이상의 버스는 많지 않다.

7~8월의 성수기가 아니라면 버스터미널에서 직접 여행 중에 충분히 버스티켓 구매가 가능하다.

▶유로라인 | www.eurolines   ▶플릭스 | www.flixbus.com

플릭스 버스

동유럽을 휩쓸고 있는 플릭스 버스는 저가를 무기로 동유럽에서 유럽으로 노선을 확대하고 있다. 플릭스 버스는 일찍 노선을 먼저 확인할수록 저렴하다. 그러므로 늦게 버스 예약을 하게 되면 버스비는 3~4배 상승하게 된다.

예약하기

1. 도시를 선택한다.
2. 출발, 도착장소를 지도에서 확인한다.
3. 출발시간을 결정한다. 시간에 따라 요금이 다 다르기 때문에 터치를 하면서 확인하자.
4. 예약을 결정하면 결제를 신용카드로 한다.
5. 결제를 마치면 메일을 통해 바우처를 확인한다.

시내교통

바르샤바에는 트램, 버스, 메트로를 이용해 시
내를 여행할 수 있다. 특히 버스와 트램이 대
표적인 교통수단이다. 트램과 버스의 티켓은
자동판매기에서 구입하면 된다. 구입을 못하
고 탑승하는 경우에는 트램이나 버스에 탑승
해 버스의 판매기에서 카드로 구입할 수 있다.

티켓은 펀칭을 하는 것이 기본이므로 반드시 노란색의 펀칭기에 넣어서 소지하고 있어야
한다. 간혹 검표를 하는 경우가 있는 데 펀칭을 안 한 티켓을 소지한 경우에는 무임승차로
간주하기 때문에 조심해야 한다.

티켓(트램, 버스)

▶20분
펀칭한 시간부터 20분간만 사용할 수 있는 티켓으로 환승은 불가하다.

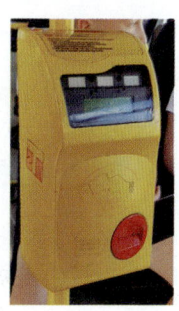

▶1회권(75분 4.4zl, 90분 7zl)
한 번 사용할 수 있는 티켓으로 환승이 가능하다. 1회권은 75분과 90분
에 사용할 수 있는 티켓으로 구분되지만 75분 티켓은 존 1(Zone 1)에서
만 사용할 수 있다.

▶1일권(존1 15zl / 존2 26zl)
하루 동안 사용할 수 티켓으로 존 1과 존 2로 나누어져 있다.

▶주말권(24zl)
금요일 19시부터 월요일 08시까지 사용하는 티켓으로 바르샤바 시내 전체에서 사용이 가
능하다.

바르샤바
핵심도보여행

바르샤바 관광의 중심은 시내에서 가장 먼저 재건했다는 구시가지다. 거리의 마차 오래된 성벽과 건물들이 중세시대에 와 있다는 착각을 일으킨다.

바르샤바의 거리에는 아무것도 아닌 일에도 즐거움이 느껴진다. 영혼의 도시 바르샤바에 울려 퍼지는 색소폰 소리가 여행자인 나의 마음을 흔든다. 바르샤바의 첫 인상은 자유와 여유 그리고 사랑이 느껴지는 평화의 도시였다. 전쟁의 잿더미를 풀어내고 도시는 사랑의 힘으로 그 아픔을 씻어내고 있는 도시였다.

폐허 위에 견고한 평화를 다져 올린 도심을 걸으며 이곳을 오기 전의 무거웠던 마음을 씻어낼 수 있었다. 광장을 거쳐 폴란드의 왕궁을 찾았다. 14세기 마조비아 공작이 세운 성터 위에 위치한 궁으로 1596년 크라쿠프에서 바르샤바로 수도를 이전하면서 지그문트 3세가 왕궁으로 삼았다.
1944년에는 나치의 공격으로 파괴되었으나 1971~1988년 복구공사를 통해 현재는 가구, 그림 등 다양한 예술 작품을 전시하는 박물관으로 사용되고 있다. 왕궁의 정면 앞에는 2차

세계대전 당시의 상황을 보여주는 충격적인 사진 한 장이 전시되어 있다. 나치에 의해 문 하나만 남겨둔 채 문화재의 거의 대부분이 약탈당하고 불타 없어져 전쟁의 아픔을 고스란히 담고 있는 이 왕궁은 전쟁이 끝난 후 동포들의 성금으로 벽돌 한 장에서 고리 하나까지도 옛 모습 그대로 다시 태어날 수 있었다.

왕궁 앞 광장에는 수도를 바르샤바로 옮겨 오며 폴란드의 부흥을 꿈꿔왔던 지그문트 3세 (1566~1632)의 동상이 도시를 굽어보며 서 있다. 1596년 크라쿠프에서 바르샤바로 수도를 옮긴 인물이다. 전쟁의 화염이 모든 것을 파괴했다고는 믿을 수 없는 고풍스러운 도시. 이 모든 것이 재건과 복원의 힘이라는 것을 알고 나면 바르샤바는 더 위대해 보인다. 구시가 지의 건물들은 한편의 예술 작품들을 보는 듯하다. 다양한 그림들로 장식된 건물들은 유럽 중원의 파리로 불리며 유럽에서 가장 아름다웠던 도시였다는 벽화의 옛 모습을 상상하게 해준다.

117

도시를 되살리려는 바르샤바 시민들의 노력은 폴란드는 물론 전 세계 사람들을 감동시켰고 완벽하게 복원된 구시가지는 1980년 9월 유네스코 세계 문화유산으로 지정되었다. 사연 많은 바르샤바 골목길을 걷다보면 구시가지에서 가장 먼저 복원되었다는 시장상인들의 장터 구시가지 광장을 만나게 된다. 다채로운 색으로 칠해진 광장의 건물들은 그 자체가 아름답고 거대한 하나의 벽화 같다.

바르샤바의 상징인 인어 상에는 슬픈 전설 하나가 전해진다. 바르라고 하는 젊은 어부와 샤바라고 하는 아리따운 인어가 만나 부부로 행복하게 살다가 샤바가 바다로 돌아가자 바르의 눈물이 땅에 채워졌다는 전설, 한국의 선녀와 나무꾼을 연상시키게 하는 이 전설이 바르샤바의 유래라고 한다.

고풍스러운 건물의 모퉁이에 바르샤바 역사박물관이 서 있다. 옛 시장 상인이 살던 곳에 그대로 박물관을 만들었다는데 건물의 내부 또한 옛 모습 그대로였다. 계단을 올라서자 2차 세계대전에 파괴의 섬뜩한 숫자들을 보여준다. 1939년 9월 1일부터 1945년 1월 17일까지 바르샤바 주민 65만 명이 사망했고 바르샤바 건물 85% 이상이 붕괴되었다는 자료가 보인다. 그 옆으로 화염 속에 불타는 바르샤바의 모습이 전시되어 있다.

1939년 나치의 시가지 침공으로 시작된 파괴이후 독일의 침공아래애서 끊임없이 항거했지만 침략자의 거대한 힘 이래에서는 무력했다. 계속 되는 항거에 나치는 바르샤바 도시 전체를 완전히 파괴해 버렸다고 한다. 인류 최대의 잔혹사가 아닐 수 없다. 전쟁이 끝난 후 모든 것을 잃은 바르샤바 인들은 수도를 다른 곳으로 옮길지 고민하다가 바르샤바를 원래의 모습으로 복원하기로 결정했다고 한다. 전국 각지에서 모금 운동이 펼쳐졌고 시민들은 너도나도 폐허가 된 도시로 나와 돌덩이를 나르며 바르샤바를 재건했다. 바르샤바는 그렇게 시민들의 땀과 눈물이 빚어낸 부활의 도시다.

박물관을 나오면 광장 한쪽에 수백 개가 넘는 아기자기한 전통 인형들이 전시되어 있는 가게가 있다. 한 작품 한 개가 하나의 목재에서 나온 것을 조각한 것이라고 한다.

크라쿠프에서 바르샤바로 수도를 옮긴 16세기 말부터 구시가지와 신시가지 주변의 오래된 건물은 제2차 세계대전 때 바르샤바 시가전에서 철저히 파괴되었다. 전후 수도를 부흥시키고자 하는 바르샤바 시민의 열정은 이 거리를 복원시켰다. 17~18세기의 고딕양식이나 바로크양식 건물이 늘어서 있어서 오래되지 않는 건물뿐이다.

바르샤바 왕의 길
Royal Route in Warsaw

신시가지^{Nowe Miasto}와 구시가지^{Rynek Stareo Miasta}에서 남쪽으로 이어지는 도로로, 왕족이 왕궁에서 여름 궁전으로 이동하는 데 사용되는 길을 왕의 길^{Royal Route}이라고 불렀다. 바르샤바 성 광장에서 시작해 우자도바스키^{Ujazdowskie}거리를 거쳐 벨베데르 궁^{Belwederska}까지 이어진다. 1994년, 바르샤바의 왕의 길^{Royal Route}은 역사적인 기념물로 선정되었다.
이 길을 따라 대통령 궁, 바르샤바 대학교, 성 안나 교회, 성 십자가 교회와 가장 비참한 건물인 빌라노프 궁전이 있다. 왕의 길, 남쪽에는 와지엔키^{Lazienki} 공원과 궁전이 있다. 와지엔키 공원^{Lazienki}에는 쇼팽^{Chopin} 축제가 매년 개최되는 쇼팽의 기념비가 있다.

성모 마리아 교회
The Kościół Najświętszej Marii Panny / The Church of Virgin Mary

성사 자매 교회
The Kościół Sakramentek / The Church of the Nuns Holy Sacrament

세인트 앤 교회
Kościół św. Anny

성 요한 대성당
Katedra św. Jana / St. John's Cathedral

구 왕궁
Zamek Królewski / Royal Castle

바르샤바 대학교
Uniwersytet Warszawski / Warsaw University

스타로스지카 궁

자케타 아트 갤러리
Galeria Zachęta / The Zachęta Art Gallery

구시가지 광장
Rynek Starego Miasta
The Old Town Square&바르비칸(Barbakan)

나로도바 극장
Tear Narodowy / The Narodowy Theatre

오스트로그스키 궁
Pałac Ostrogskich / The Ostrogski Palace

대통령 궁
Pałac Prezydecki / The Presidental Palace

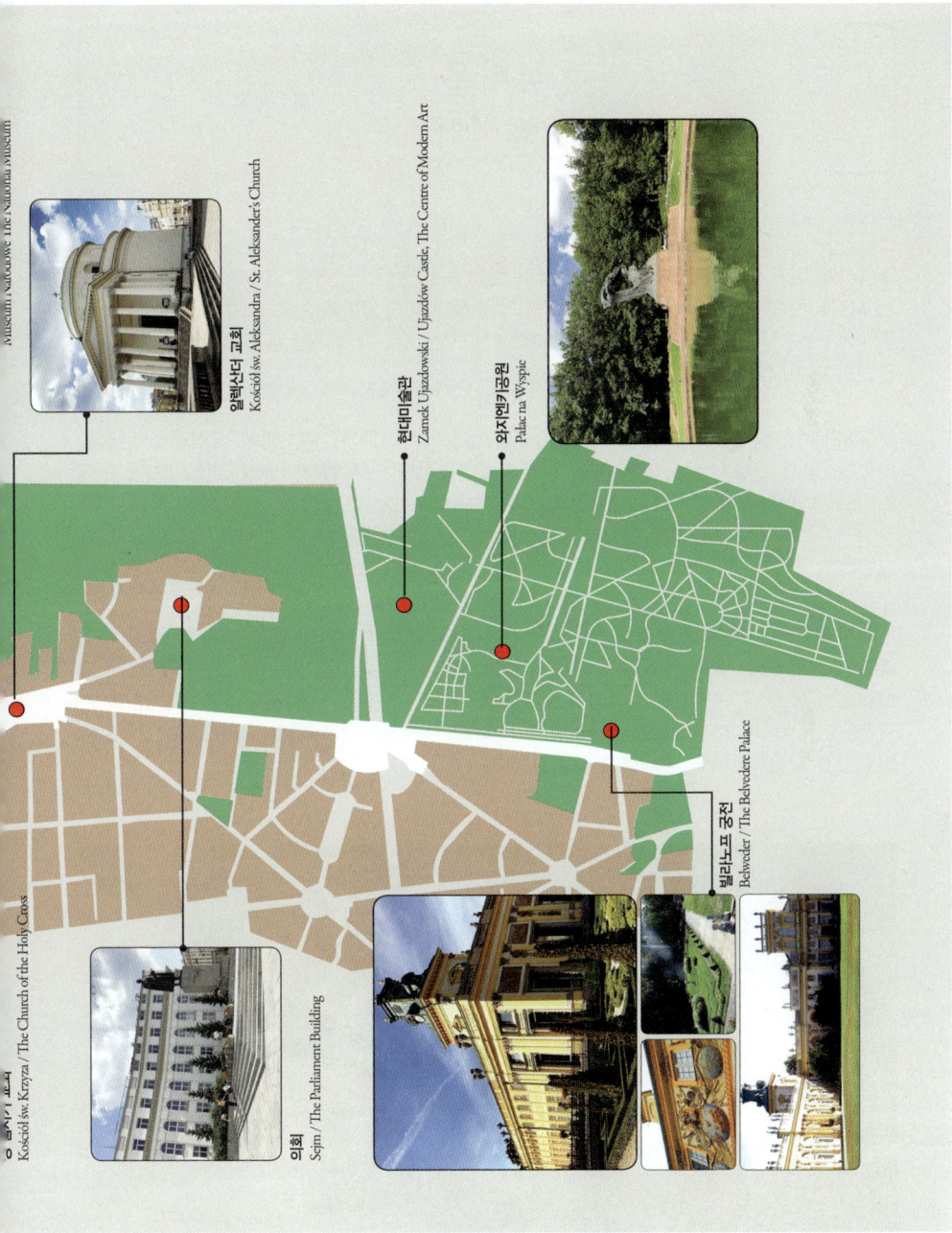

Muzeum Narodowe / The National Museum

알렉산더 교회
Kościół św. Aleksandra / St. Aleksander's Church

현대미술관
Zamek Ujazdowski / Ujazdow Castle, The Centre of Modern Art

와지엔키공원
Pałac na Wyspie

o 공十가 교회
Kościół św. Krzyża / The Church of the Holy Cross

의회
Sejm / The Parliament Building

벨베데르 궁전
Belweder / The Belvedere Palace

뉴타운
Nowe Miasto

15세기에 바르샤바 구시가지 북쪽에 자리 잡은 뉴타운^{Nowe Miasto}은 바르샤바 바르바칸 에서 시작되는 프레타 거리^{ulica Freta / Freta Street}가 뉴타운의 중심부를 가로 지르고 있다. 올드 타운^{Rynek Starego Miasta}과 마찬가지로 신도시^{Nowe Miasto}는 2차 세계대전 중 독일군에 의해 거의 완전히 파괴되었지만 전쟁 후에 재건되었다.

신도시^{Nowe Miasto}는 독립 도시로 14세기부터 형성되기 시작해 1408년에 공식적인 인정을 하였다. 당시 신도시는 뉴타운 시장 광장과 프레타^{Freta}, 코시엘나^{Ko cielna}, 코즈라^{Koźla}, 프레즈네크^{Przyrynek}, 스타라^{Stara}, 자크로크짐스카^{Zakroczymska}까지 포괄해 불렀다고 한다. 올드 타운^{Rynek Starego Miasta}과는 독립적으로 도시가 운영되었고 자체적으로 의회와 시청을 가지고 있었다.

1655~1660년 사이에 스웨덴이 침공하면서 뉴타운^{Nowe Miasto}의 건물이 대부분 불에 타고 파괴되었다. 이후 1680년에 다시 마을 회관을 건립하고 유명한 바르샤바 건축가, 틸만 가메르스키^{Tylman Gamerski}가 카지미에라즈 교회^{Kazimierz Church}(1688~1692)와 코토브스키^{Kotowski} 궁전(1682~1684), 성령 교회(1707~1717)를 잇따라 건축하면서 뉴타운은 바르샤바 시에 편입되었고 시청^{Town Hall}은 1818년에 철거되었다.

카지미에라즈 교회
The Kościół Sakramentek
The Church of the Nuns Holy Sacrament

바로크 양식의 카지미에라즈 교회The Kościół Sakramentek는 네덜란드 건축가인 틀만 반 제메렌 Tylman van Gameren이 1683년 비엔나에서 터키 군대에 대한 승리를 기념하여 프랑스 여왕, 마 리 소비스카Marie Sobieska에게 위임받아 건축되었다.

🌐 www.parafiakazimierz.waw.pl 🏠 Ul. Chelmska 21a 📞 +48-22-841-2131

마리퀴리 생가
Marie Curie Museum

신시거지는 바르샤바에서 가장 작다는 1번지에서 시작된다. 2차 세계대전 때 파괴되었지만 다시 복원되었고 지금은 작은 구멍가게로 활용되고 있다. 신가지를 걸으면 마리퀴리 생가가 나온다. 생각보다 작고 아담한 마리 퀴리 생가는 실험도구와 옷, 연구자료 등이 전시되어 있다.

역사 속 인물을 만난다는 생각에 마음이 바빠진다. 퀴리부인이 결혼을 허기 전까지 살았다는 이집은 그녀의 사진들과 각종 연구 자료가 있다. 2번의 노벨상 수상과는 달리 소박하고 정갈했던 삶이 느껴진다.

🌐 www.museum-msc.pl 🏠 Ul. Freta 16 🕙 10~19시(월요일 휴관) 📞 022-831-8092

마리퀴리(Marie Curie)

1867년 교사부분의 막내딸로 태어난 그녀는 어린 시절부터 영특했다. 러시아 교육을 받은 퀴리는 남편인 퀴리와 함께 라듐의 발견으로 노벨 물리학상을 우라늄의 발견으로 노벨화학상을 받아 여성최초의 노벨상 수상자가 되었다.

퀴리 부인이 살았던 시대에는 여성이 대학에서 공부하는 것을 원하는 시대는 아니었다. 퀴리부인은 학업을 계속하기 위해 폴란드를 떠나 다른 나라로 갈 수 밖에 없었던 상황이었다. 경제적인 어려움 속에서도 배움에 뜻을 두었던 그녀는 조국인 폴란드를 떠나 프랑스에서 연구에 매진해야했다. 1차 세계대전 때는 전쟁터에서 총알을 찾기 위해 전쟁터를 누비고 자신의 팔에 직접 방사능 실험을 하며 인류에 평생을 바친 여인. 처음 발견한 원소 폴로늄(po)은 조국 폴란드의 이름을 따서 만들었다고 한다. 평생의 꿈인 과학원을 폴란드에 세운 그녀는 1934년 자신이 발견한 방사능이 원인이 되어 백혈병으로 삶을 마감했다. 인류를 위해 살았던 과학자, 생전에 즐겨 쓰던 옷 가지만이 남아있지만 퀴리부인이라는 이름은 전 세계 과학의 어머니로 폴란드 사람들의 가슴에 그리고 전 세계 사람들의 기억 속에 건재하다.

올드 타운
Rynek Starego Miasta

바르샤바에서 가장 역사적인 장소로 2차 세계대전 이후에 재건되었지만, 역사적인 고증을 거쳐 복원되었다. 도시의 중심부는 올드 타운^{Rynek Stareo Miasta}의 광장으로 왕궁^{Royal Castle}, 왕의 거주지, 시장 광장^{Market Square}, 성 요한 대성당^{Saint John's cathedral} 등이 있다.

구시가지 광장
Old Town Market Square

바르샤바 구시가지의 중심은 구시가지 광장이다. 이전에는 바르바칸 옆에 있던 인어상이 가운데에서 검을 하늘로 들고 있으며 주변에 노점과 카페가 늘어서 있다. 그 외에도 관광객을 상대로 하는 초상화와 공예품이 있다. 300년 이상의 역사가 있는 우 후키에라^{U Fukiera} 레스토랑이 있다.

북쪽에는 15~16세기에 건축한 바르바칸이라는 바로크양식의 요새가 있다. 이곳은 화약고와 감옥으로 사용한 곳으로 제2차 세계대전 때 파괴되었다가 1954년에 구시가지가 복원될 때 같이 복원되었다.

퀴리부인 박물관

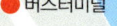
버스터미널

루블린 성

성문

루블린의 합동기념비
Pomnik Unii Lubelskiej

문학박물관

바르샤바 역사 박물관

구시가지 광장

민중봉기 기념탑

폴란드 군대성당

성요한 성당

왕궁 광장

왕궁

지그문트 3세 동상

쇼팽 음악원

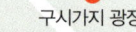

왕궁
Zamek Królewski / Royal Castle

왕궁 광장에 위치한 인상적인 붉은 건물로 16~18세기에 왕실 거주지였다. 2차 세계대전 때 폐허가 되었지만 이후 재건되었다. 태피스트리, 가구, 그림, 도자기 등의 장식을 전시한 역사적인 건축물이다.

16세기에 건설한 궁전은 1970년에 와서야 복원을 시작해서 1980년대 후반에 완성하였다. 왕궁 건너편에 바르샤바에서 가장 오래된 지그문트 3세 동상^{Segismund's} 기둥이 있다. 아름다운 왕궁 광장^{Castle Square}이 앞에 펼쳐지고 남쪽에는 성 안나 교회^{St. Anne's church}가 있다.

왕궁은 처음에는 왕의 거처였다가 국회나 대통령의 집무실로 사관학교나 국립극장으로 정치, 경제, 문화의 무대였다. 지그문트 3세의 거처였을 때는 '유럽에서 가장 아름다운 궁전 중 하나'라고 할 정도로 아름다웠다고 한다. 제2차 세계대전 때 파괴되었지만 왕의 응접실에 있던 가장 가치 있는 물품들을 국외로 반출하여 파괴를 피할 수 있었다.
1988년에 복원작업이 완성되어 지금은 바로크양식의 건물 내부는 지그문트 3세가 생활한 당시의 모습 그대로이다.

🌐 www.zamek-krolewski.pl   🏠 Plac Zamkowy 4   🕐 10~18시(월요일 휴관)
💰 성인 30zł (매주 목요일은 왕궁 입장료가 무료)   📞 +48-22-355-5170

지그문트 3세 동상
Kolumna Zygmunta 3 Wazy

16세기 폴란드 왕을 기념하여 지은 이 지그문트 3세 동상은 북적이는 캐슬 광장을 바라보고 있다. 기둥 주춧돌은 단체 관광객과 현지 주민들에게 만남의 장소로 인기가 많은 만큼 항상 인파로 가득하다. 또한 바르샤바 연인들의 만남의 장소로도 인기가 많은 곳이다.

번화한 캐슬 광장 한가운데 서 있는 지그문트 3세 기둥은 16세기 후반에 폴란드 수도를 바르샤바로 천도한 지그문트 3세 바사를 기념하는 곳이다. 우뚝 솟은 기념비 중 일부는 전쟁을 거치며 파괴되었지만 원래의 모습 중 일부는 그대로 남아 있다. 상징적인 건축물을 사진에 담고 주변 광장의 풍경을 둘러보는 시민들과 관광객이 항상 많은 곳이다.

1644년에 만들어진 이 기둥은 바르샤바에서 가장 오래된 기념비로 알려져 있다. 구조물을 살펴보면 과거에 만들어진 부분과 새로 만들어진 부분을 구분해 볼 수 있다. 바르샤바 도시 전체와 마찬가지로 기둥 역시 제2차 세계대전 당시에 파손되었다가 나중에 현지에서 공수한 폴란드 산 화강암을 이용해 재건되었다. 광장 가장자리 주변에는 원래 기둥의 일부가 아직까지 전시되어 있다. 지그문트 3세 동상 건너편에는 유네스코에 등재된 바르샤바 왕궁이 보인다. 이곳은 제2차 세계대전 당시에 완전히 파괴되었지만 나중에 정성껏 재건했다.

광장 주변에 있는 카페에서 음료나 간식을 즐기고 광장 주변을 오가는 사람들의 모습으로 항상 활기찬 분위기를 나타낸다. 또한 광장은 집회와 공연 장소로 자주 이용된다. 지그문트 3세 동상은 캐슬 광장 한가운데 서 있고 이곳을 지나 구 시가지로 바로 넘어간다.

🏠 스타레 미아스토(Stare Miasto) 하차

지그문트 3세 동상
높이 22m의 기둥 꼭대기를 올려다보며 갑옷과 망토를 두르고 턱수염을 휘날리고 있는 지그문트 3세의 조각상이 있다. 높이 3m에 달하는 지그문트 3세 조각상은 전쟁에서 기적적으로 살아남았지만 대검은 교체해야 했다. 기둥 아래에는 주변을 지키고 서 있는 4마리의 독수리와 라틴어가 새겨진 명패가 있다.

지그문트 3세
지그문트 3세는 바르샤바 남쪽에 있던 옛 수도 크라쿠프에서 바르샤바로 폴란드 정부를 천도한 인물로 알려져 있다.

인어공주 동상
Syrenka Warszawska

바르샤바에서 사랑받는 동상은 바르샤바의 파란만장한 역사 속에서도 항상 같은 자리를 지켜 왔다. 바르샤바 인어공주 동상^{Syrenka Warszawska}에는 폴란드에서 가장 유명하고 낭만적인 전설을 담고 있다. 구시가 광장을 들러 상징적인 기념물을 살펴보고 동상에 자세히 살펴 보자.

광장 한가운데로 발걸음을 옮겨 소박한 분수대 위에 서 있는 '시렌카^{Syrenka}'라고 하는 인어공주 조각상을 보면 동상은 검과 방패를 들고 있다. 그녀는 바르샤바^{Warsaw}의 수호자로, 언제나 전투에 임할 준비가 되어 있다. 동상의 하단에는 두 다리 대신 두 꼬리가 조각되어 있다. 현재, 광장에 서 있는 동상은 진품이 아니라 아연을 입힌 근대의 모조품이다. 콘스탄티 헤겔이 1855년에 완성한 원래의 청동 인어공주 동상은 바르샤바 역사박물관에 전시되어 있다.
인어공주는 16세기 이후 바르샤바 문장에서도 찾아볼 수 있고, 바르샤바 어디든 인어의 상징물을 확인할 수 있다. 스타니스 마키에비츠 바이어덕트^{Stanisław Markiewicz Viaduct}와 그로호프스키 스트리트^{Grochowski Street}를 비롯해 도심 곳곳에 서 있는 여러 인어공주 동상을 찾아 비교해 보는 것도 바르샤바를 여행하는 또 다른 방법이다.
 구시가 광장은 사진에 담기에 좋은 아름다운 명소인 만큼 카메라를 가져가 자신이 원하는 사진을 찍어보는 것이 좋다. 조명이 인어공주 동상을 비추는 겨울에는 더욱 아름다운 모습을 담을 수 있다. 근처 카페 중 한 곳에 들러 음료를 마시거나 광장 주변의 기념품 상점을 구경하는 것도 구시가 광장을 즐기는 방법이다.

🏠 스타레 미아스토(Stare Miasto) 정거장 하차

바르바칸 성벽
Barbakan Rampart

구시가지 광장에서 왼쪽으로 더 가다보
면 바르샤바의 옛 시가지를 둘러싸고 있
는 것은 '바르바칸'이라는 말굽모양의 성
벽이다. 바르샤바 구 시가지를 보호하기
위해 세운 요새로 말발굽 형태의 원통 모
양이 특징이다.

16세기에 만든 성벽인데 일부는 14~15세
기에 쌓은 것으로 유럽에서도 보기 드물
게 오래되고 귀중한 건축물 중의 하나이
다. 성벽을 빠져 나가면 바르샤바의 신시
가지가 펼쳐진다.

잠코비(Zamkowy) 광장과 왕궁광장(Castle Square)
잠코비 광장과 왕궁광장(Castle Square)은 같은 장소이다. 왕궁 광장은 주소를 보면 플랙 잠코비(Plac Zamkowy)
에 있으므로 사람들은 잠코비(Zamkowy) 광장으로도 부르고 있기 때문에 혼동이 될 수 있다. 오래전 유명했던 영
화 '피아니스트'의 배경도시로도 유명한 바르샤바에서 잠코비라고 부르면서 관광객도 잠코비 광장으로 알고 있는
경우가 많아졌다.

🏠 예수회 교회(Jesuit Church) 옆에 위치

바르바칸 성벽
Barbakan Rampart

폴란드의 중요한 인물이 안치된 곳이자 군주의 대관식이 열리는 곳이기도 한 세인트 존 대성당은 역사적 의미를 지니고 있다. 14세기에 처음 건축된 대성당은 수백 년간 왕족의 대관식 장소이자 안장지로 이용되었다. 바르샤바의 종교 생활은 유서 깊은 세인트 존 대성당을 중심으로 이루어진다. 심금을 울리는 거대한 파이프 오르간 소리가 교회 안에 울려 퍼지면 놀라운 평온함이 교회에 찾아온다.

바르샤바 봉기가 일어난 기간에 성당은 격전지가 되어 독일군에 의해 풍비박산이 되고 말았다. 카노니아 스트리트^{Kanonia Street}를 마주보고 있는 외벽으로 발걸음을 옮기면 탱크 잔해를 볼 수 있다. 이 탱크는 성당을 파괴할 목적으로 폭발물을 가득 실은 채 성당에 투입되었던 탱크를 보존해 놓은 것이다.

세인트 존 대성당 역시 오랜 세월 동안 여러 차례에 걸쳐 재건되었다. 전쟁이 끝난 뒤 성당은 이전의 바로크식 건축물이 아닌 초기 고딕 양식의 건축물로 새롭게 태어났다. 제2차 세계대전 당시 건물이 피해를 보았음에도 16세기 나무 십자가를 비롯한 성당의 귀중한 유물들이 지금까지 보전되어 있다. 안으로 들어가기 전에 벽돌로 만든 성당을 보면 하늘 위로 높이 솟은 건물이 구 시가지의 좁은 도로를 굽어보고 있다. 건물 내부는 짙은 색 목재와 하얀 석고로 이루어져 있는데, 장식이 소박하지만 정연한 느낌을 풍긴다. 폴란드 역사에서 중요한 순간들을 표현한 스테인드글라스 창을 감상한 뒤 지하 납골당으로 내려가 폴란드의 유명 인사가 안치되어 있는 묘지를 구경해 보자.

세인트 존 대성당은 바르샤바 천주교인을 위한 예배 공간일 뿐만 아니라 중요한 종교 음악 시설이기도 하다. 오르간 연주회가 자주 열리는데, 매년 여름에는 오르간 음악 축제가 펼쳐지기도 한다.

유대인 빈민굴
Pomnok Bohaterrow Getta

바르샤바는 2차 세계대전 이전에 가장 큰
유대인 공동체가 형성된 도시였다. 나치는
2차 세계대전동안 40만 명이 넘는 유대인
을 수감했고, 대부분 수용소에서 사망했다.
유대인 박물관, 회당, 게토 영웅 기념비가
있다.

빈민가 영웅 기념비는 히틀러가 개인적으
로 도시로 가져온 승리의 아치Triumph Arch를
건설하기 위한 돌 위에 세워졌다. 파묵옥
감옥Pawiak Prison에는 원래의 빈민굴 벽 중 일
부를 남겨 놓았고 조각품은 유대인들이 강제 추방당한 장소를 보여주고 있다. 유대인 빈민
가 출신인 포봉스키Powazki와 워쇼스키Wojskowy의 군사 묘지도 방문할만한 가치가있다.

🌐 www.kirkuty.xip.pl   🏠 Ul. Zamenhofa 11   📞 +48-604-123-399

성 안나 교회
Kościół św. Anny

왕의 길Royal Route에서 놓치지 말고 들러 봐야 할 곳은 호화로운 궁전을 연상시키는 성 안나
교회이다. 건물 종탑에서 숨이 멎을 듯한 도시 전경도 감상할 수 있다. 금빛으로 반짝이는
바로크 스타일의 내부 장식과 시선을 사로잡는 천장화가 매력적인 성 안나 교회는 바르샤
바에서 가장 화려한 종교 건축물로 알려져 있다.

가이드 투어를 하면 구시가지에서 가장 먼저 설명하는 교회이다. 외관장식은 웅장하고 호
사롭지만, 교회 내부는 정적이고 단순하다. 호화로운 태피스트리 장식을 보고 종탑에서 내
려다보이는 풍경을 감상할 수 있다.

원래 교회는 15세기에 이곳에 건축되었지만 현재 건축물은 1770년대에 들어섰다. 교회는
제2차 세계대전 당시 피해를 보았지만 완전히 파괴되지는 않고 원래의 모습을 아직도 많
이 간직하고 있다. 18세기에 만들어진 주 제단과 설교단, 오르간이 인상적이다. 안으로 들
어가기 전에 파스텔 색상의 외관이 먼저 눈에 들어온다. 가장 눈에 띄는 신고전주의적 디
자인 요소는 기둥과 화상석, 지붕의 십자가를 꼽을 수 있다.

장엄한 느낌이 묻어나는 금장식의 외관과 다채로운 색상의 그림, 화려하게 반짝이는 샹들리에가 아름답다. 교회 내부를 둘러보며 요한 바오로 2세의 방문을 기념하는 명패와 미사 예식도 보인다.

성 안나 교회Kosciol Swietej Anny는 지금도 예배를 드리는 곳으로, 기도를 올리고 미사를 드리기 위해 신도들이 찾아오는 만큼 항상 예의 바르게 행동해야 한다. 미사 시간에는 입장할 수 없다. 콘서트에 참석해 성가대의 열정적인 찬양과 웅장한 오르간 소리도 들을 수 있다.

홀로 서 있는 교회 종탑Taras Widokowy은 계단을 따라 걸어 올라갈 수 있다. 높은 곳에 자리한 전망대에서 바르샤바의 전경을 감상할 수 있는데, 구름이 없는 날에는 도시 너머의 작은 마을까지 보인다.

🌐 www.swanna.waw.pl　🏠 Ul. Kraowskie Przedmiescie 68　📞 +48-22-826-8991

성 십자가 교회

Kościół św. Krzyza / The Church of the Holy Cross

신세계거리가 시작되는 지점에 있는 쇼팽의 심장이 묻힌 곳으로 유명한 성당이다. 15세기 초, 작은 목조 예배당이 세워지면서 시작된 교회는 1526년에 예배당은 파괴되었다. 1615년 새롭게 단장되고 확장된 교회는 1679~1696년 사이에 왕립 재판소의 왕실 건축가가 재건축에 참여하면서 규모가 확장되었다.

파사드를 둘러싼 두 개의 탑은 처음에는 사각형으로 잘라졌지만 1725~1737년 사이에 요세프 폰타나^{Józef Fontana}의 디자인으로 두 가지 바로크 양식의 머리 장식으로 바뀌었다. 1794년의 바르샤바 봉기 기간 동안 입구로 이어지는 계단이 파괴되기도 했다.

1882년에는 프레데릭 쇼팽^{Frédéric Chopin}의 심장을 담은 항아리가 꽃다발 바로 아래 묻혔다. 1889년에 정문으로 이어지는 외부 계단이 재건되면서 피오 웰 런스^{Pius Weloński}가 십자가를 지고 있는 그리스도의 조각품이 추가되었다.

🌐 www.swkrzyz.pl 🏠 Krakowskie Przedmiescie 3 📞 +48-22-826-8910

역사박물관
Historical Museum of Warsaw

작은 건물이지만 내부 공간을 효율적으로 배치하여 볼거리는 풍부하다. 무엇보다 놀랄만한 것은 제 2차 세계대전에 관한 전시로 전후 바르샤바의 파괴된 모습을 볼 수 있다는 것이다. 완전히 파괴된 도시를 지금의 모습으로 복원한 것을 보면 감동이라는 단어만 생각날 것이다.

🌐 www.aftermarket.pl 🏠 Renek Starego Miasta Street 28~42 🕙 10~19시(월요일 휴관) 📞 +48-22-277-4300

중앙광장과 구시가지 광장
구시가지 광장은 광장 한 가운데 자리 잡은 바르샤바의 상징인 인어상이 있다. 따라서 중앙광장이라고도 부르고 있으므로 혼동하지 않기를 바란다.

인어상의 전설
바르샤바에 왔다는 인증사진은 단연 인어상과 함께 찍는 것이다. 인어상은 오른손에 칼을 들고 왼손에 방패를 들고 있다. 인어상의 전설은 다음과 같다. 바르샤바를 흐르는 비스와 강가에 '바르스'라는 어부가 살았는데 어느 날 강에서 인어를 낚게 되었다.
그 후 인어와 사랑에 빠져 결혼을 하게 되었는데 인어의 이름은 '샤바'였고 두 사람 사이에 낳은 자손이 번성해 '바르샤바'라는 도시가 되었다고 한다.

바르샤바 국립박물관
Muzeum Narodowe / National Museum in Warsaw

제1, 2차 세계대전 사이 기간에 지어진 거대한 건물 안에 자리 잡은 바르샤바 국립박물관 Muzeum Narodowe에는 800,000여 점의 유물로 이루어진 방대한 컬렉션이 보관되어 있다. 컬렉션에는 고대 유물과 조각상, 판화, 사진, 장식 디자인이 모두 포함되어 있다.

폴란드와 주변 국가의 중세 미술, 유럽 중세 시대 거장의 작품, 초상화를 비롯해 누비아 회화 같은 외딴 지역의 작품이 있다.
박물관 안에 들어가서 보이는 갤러리는 인테리어가 훌륭하고 현대적일 뿐만 아니라 LED 전구가 그림을 환하게 비추고 있죠. 영어로 작성된 안내판을 따라 다양한 전시품에 대해 자세히 알아보고 체험식 전시물도 구경해 보자. 한때 왕궁 정원이 있었던 건물 뒤편의 공원에 앉아 여유를 부릴 수도 있다.

🏠 ul. Aleje Jerozolimskie 3 (국립박물관(Muzeum Narodowe) 하차   📞 +48-22-629-3093

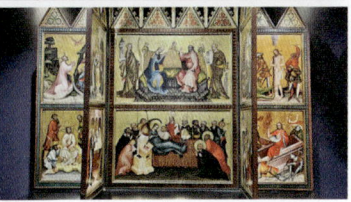

유럽 갤러리

전시된 작품 중 가장 유명하고 인기 많은 전시물 중 하나는 바로 얀 마테이코가 1878년에 완성한 타넨베르크 전투(Battle of Grunwald)이다. 이 그림은 높이가 426cm, 길이가 987cm에 달할 정도로 거대하다.

폴란드가 소중히 여기는 이 작품은 제2차 세계대전 당시 나치군의 주요 표적이었다. 폴란드 지하 조직의 일원이 그림이 있는 장소를 발설하라는 독일군의 요구를 거부했다가 목숨을 잃었다는 얘기도 전해져 온다. 전시에 도난당했다가 나중에 박물관에서 되찾은 귀중한 여러 회화 작품 중 하나이다.

스타니슬라프 로렌츠 교수

박물관 뜰에는 전쟁 당시 박물관 책임자였던 스타니슬라프 로렌츠 교수의 이름을 따온 쾌적한 공간이 있다. 로렌츠는 컬렉션에 포함된 수많은 작품을 안전하게 보호하기 위해 전시에 비밀 작전을 주도한 공로를 인정받았다.

바르샤바 봉기 박물관
Museum of Rising in Warsaw

제2차 세계대전 발발 기간에 바르샤바에서 겪은 파괴와 피해 상황의 정도는 가늠하기 어려울 수 있지만, 바르샤바 봉기 박물관은 이러한 역사를 생생하게 재현하는 데 기여하고 있다. 폴란드에서 가장 유명한 박물관으로 바르샤바 봉기 박물관에서는 체험식 전시관을 준비해놓았다. 이곳에는 결국 패배로 끝난 봉기의 비극적인 과정이 기록되어 있다.
거대한 박물관에서 바르샤바의 운명을 가른 2차 세계대전에 일어난 사건을 기록해 놓은 것이다. 독일 점령군으로부터 도시를 구하려 했지만 실패한 향토군의 발자취를 되짚어볼 수 있다.

나치군 점령 당시 바르샤바 주민들의 삶이 어땠는지 알아보고, 63일간의 봉기 기간 동안 도시를 위해 싸웠던 향토군Armia Krajowa이 얼마나 열세에 몰렸는지 생각할 수 있다. 결국 폴란드에서 백기를 들자 독일군은 그나마 남아 있던 바르샤바 구역까지 파괴하며 보복을 감행하고 남은 시민을 모두 추방했다.

생생하게 재현된 봉기 사건을 눈으로 직접 확인하고 실감하도록 전시해 놓았다. 과거 발전소가 있던 곳에 건축된 이 박물관에는 체험식 전시관이 여럿 마련되어 있다. 모형 무선국과 연합군 전투기, 분쟁 기간에 운송/대피 장소로 이용되던 도시 하수관 모델도 기어들어가 보도록 준비되어 있다.

3D영화, 폐허의 도시(City of Ruins)
마음을 울리는 5분짜리 3D영화, 폐허의 도시^{City of Ruins}를 관람해 보자. 영화 제작사에서는 회화 사료와 새로운 영화 기술을 이용해 놀라운 항공 영상을 만들어 냈다. 영상에는 한때 활기 넘치는 도시였다가 돌무더기로 변해 버린 파괴된 바르샤바의 폐허가 나온다. 주 전시관에서 나와 프리덤 파크^{Freedom Park}의 추모관으로 발걸음을 옮겨 영상의 장면에 대해 생각할 수 있는 시간이 있다.

🏠 ul. Grzybowska 79, 트램역 론도 다신스키에고 (Rondo Daszyńskiego) 하차   📞 + 48-22-539-7905

신세계 거리
Nowy Swiat

쇼팽박물관에서 3~4분 걸으면 신세계 거리^{Nowe Miasto}가 나온다. 바르샤바의 '홍대'라고 볼 수 있는 곳이다. 궁전과 코페르니쿠스 동상, 바르샤바 대학교는 물론 얀 트바로브스키 공원, 카멜라이트 공원, 지그문트 3세 기둥을 거쳐 구시가지^{Stare Miasto}까지 이어지는 거리다.

신세계 거리^{Nowe Miasto}에는 '옛 소련의 잔재'라는 악몽이 아스팔트 아래에 깔려 있다. 과거 귀족들의 저택이 즐비했던 이 거리에는 20세기 초 들어 새로운 양식의 건물들이 많이 들어섰다. 그러나 독일 점령 기간이던 1944년 8~10월 20만 명이 목숨을 잃은 '바르샤바 봉기' 때 이 거리도 완벽하게 파괴되고 말았다. 거리에는 건물이라고는 하나도 남아 있지 않았다. 전쟁이 끝난 뒤 도로 재건작업이 시작돼 현재의 모습을 갖게 됐다.

바르샤바 대학교
Uniwersytet Warszawski

200년간 폴란드의 교육을 이끌어 온 유서 깊은 바르샤바 대학교는 도시 최고의 교육 기관이다. 수만 명의 재학생이 다니고 있는 현대 교육의 산실은 유서 깊은 건물을 다수 품고 있다. 대학 캠퍼스의 신고전주의 건축물 사이를 거닐면서 긴 산책로와 우아한 뜰, 깔끔하게 손질된 정원을 구경할 수 있다.

1816년에 설립된 바르샤바 대학교는 프레데리크 쇼팽, 조지프 로트블랫, 다비드 벤구리온 같이 존경받는 인물을 비롯한 유명 인사를 배출한 대학이다. 제2차 세계대전 발발 당시 대학교 부지가 독일군 막사로 사용되어 많은 건물이 파손되었다.

평화로운 캠퍼스에서는 폴란드의 똑똑하고 열정이 넘치는 대학생을 만나볼 수 있다. 강의실이나 화창한 실외에서 학업에 정진하고 있는 학생들의 모습도 보인다. 중앙 캠퍼스 부지를 산책하면 바로크 우루스키^{Baroque Uruski} 궁전 같은 멋진 건물이 보이고, 우아한 정원을 바라보고 있는 구 도서관^{Old Library}과 웅장한 카지미에슈 궁전^{Kazimierzowski Palace}이 있다. 17세기

🌐 en.uw.edu.pl 🏠 Krakowskie Przedmiescie 26~28 📞 022-620-0381

에 별궁으로 건축된 카지미에슈 궁전은 대학교 단지에서 가장 오래된 건물로, 총장실이 있는 곳이다. 건물 안에는 대학교의 역사를 소개하는 박물관이 있다.

바르샤바는 유명한 영웅을 추모하는 수많은 기념물로 가득하지만, 대학교 부지에는 소박함이 느껴지는 한 학생의 동상이 서 있다. 바르샤바 대학교 도서관의 날카로운 건축 양식을 감상해 보세요. 외관을 타고 올라가 울창한 옥상 정원으로 이어지는 담쟁이덩굴을 볼수 있다. 이국적인 식물들 사이에 앉아 바르샤바의 탁 트인 전망을 만끽할 수 있다.
바르샤바 대학교는 도시 전역에 건물을 보유하고 있지만, 가장 중요한 구역은 구시가지 근처에 있는 중앙 캠퍼스이다. 조금만 걸어가면 아름다운 사스키^{Saxon} 정원과 매력적인 노비쉬비아트^{Novi Shibiart} 거리가 나온다.

바르샤바 대학교 도서관^{Warsaw University Library}
바르샤바 대학교 도서관^{Warsaw University Library}은 건물 안팎에서 모두 흥미를 불러일으킨다. 벽면을 덮고 있는 담쟁이덩굴이 둘러싼 옥상의 식물원은 도서관에 꽂힌 수많은 서적을 구경하며 시간을 보내 보내도 좋다. 웅장한 궁전과 교회로 가득한 바르샤바에서도 초현대적인 디자인의 이 도서관은 단연 돋보인다.

기존 도서관의 장서 수용 능력이 한계에 도달하자 추가로 서고를 마련하고자 새 도서관을 짓기 시작해 1999년 문을 열었다. 대단히 현대적인 디자인이 시선을 사로잡는 도서관은 건축학적 놀라움이 가득한 건물로 알려져 있다. 유리, 강철, 노출된 배관, 보강 콘크리트가 독특하게 어우러진 인상적인 외관과 녹음이 우거진 조경 장식은 감탄을 자아낸다.

도서관 건물은 별도의 건물 두 동으로 이루어져 있다. 초승달 모양의 구조물 정면을 통해 들어가면 상점과 카페가 나온다. 6층짜리 두 번째 건물의 일부 공간은 볼링장을 비롯한 상업 시설로 임대했다. 두 건물은 유리 천장으로 이루어진 통로를 통해 연결되어 있다.

옥탑 정원은 도서관에서 가장 인기 있는 장소로 유럽에서 가장 큰 옥탑 정원 중 하나로 꼽힌다. 도로와 다양한 아름다운 건물 사이로 비스툴라 강이 한눈에 들어오는 멋진 전망을 감상할 수 있다. 다리 위와 분수대, 연못 주변에 조성된 2층 규모의 정원을 구경해 보자. 유리 천장으로 도서관 안을 들여다보거나, 탁 트인 도시 전망을 보면 가만히 앉아 한적한 평화로움을 느끼고 싶다.
자리를 잡고 앉아 여유롭게 독서를 즐기거나, 폴란드 포스터 갤러리Polish Poster Gallery를 둘러볼 수 있다. 정치적 메시지를 보여주는 작품부터 연극 홍보 포스터까지, 전쟁이 끝난 뒤 선보인 각종 포스터도 전시되어 있다. 희귀 포스터를 살펴보거나 기념 예술품도 한 점 구입해 보자.

자료제공 : 바르샤바 대학 도서관 홈페이지   자료제공 : 구글맵

프레데릭 쇼팽 음악원
Uniwersytet Muzyczny Fryderyka Chopina w Warszawie

폴란드 바르샤바에 있는 박물관이다. 1810년
세워졌고, 프레데릭 쇼팽이 1826년부터 1829년
까지 이곳에서 공부했다. 쇼팽의 악보, 사진,
피아노, 개인 편지 등 쇼팽에 관련된 물건들을
볼 수 있어 많은 관광객들이 찾는 장소이다.
쇼팽의 음악을 감상 할 수 있는 공간도 있다.

쇼팽 박물관은 그의 음악을 첨단 기술과 연결
한 게 특징이다. 1층에는 쇼팽을 경험하는 공
간이다. 입장 티켓을 대면 쇼팽의 여러 음악을
차례로 들을 수 있다.
지하 1층에는 악보를 세우면 저절로 쇼팽 곡을
연주하는 피아노가 있다. 2층에는 서랍을 열면 그 안에 든 악보를 음악으로 들려주는 마이
크가 설치돼 있다. 서두를 필요가 없다면 서너 시간 머물면서 쇼팽의 다양한 곡을 혼자서
충분히 차분하게 즐길 수 있는 공간이다.

🌐 www.chopin.museum 🏠 Okolink 1 Ostrogski Palace 🕐 11~20시(일요일 무료, 월요일 휴관)
📞 +48 22 441 6251

와지엔키 공원
Pałac na Wyspie

18세기 폴란드의 마지막 왕, 포니아토프스키에 의해 1766년부터 30년에 걸쳐 유럽에서 아름다운 공원 중 하나로 꼽힌다.
공원과 왕궁이 같이 들어선 이 궁전은 폴란드 마지막 왕 스타니슬라프 아우구스트 포니아토프스키 왕의 여름 궁전이었다. 18세기 수사왕궁으로 더 유명한데 여름마다 일요일에 쇼팽 기념탑에서 피아노 연주가 펼쳐져 더 유명세를 타고 있다.

🌐 www.lazienki-krolewskie.pl
🏠 Agrykola 1, 00-460 Warszawa
🕐 9시 30분~15시 30분(월요일 휴관)
📞 +48-504-243-783

빌라노프 궁전
Muzeum Pałacu Króla Jana III w Wilanowie

호화로운 궁전 안으로 들어가 금으로 장식한 연회장과 아름다운 정원을 산책할 수 있는 빌라누프 궁전은 제2차 세계대전의 폭격에서 살아남은 바르샤바의 몇 안 되는 건축물이다. 북적대는 바르샤바를 뒤로 하고 화려한 빌라누프 궁전에 들어가면 여유가 느껴진다. 호화로운 방 곳곳을 둘러보며 옛 시절의 찬란한 문화에 흠뻑 취해 보기도 한다. 전통 장식과 아름다운 타일 바닥을 비롯해 가치를 매길 수 없는 미술품과 조각상을 감상할 수 있다.
이 왕궁은 17세기 후반에 건축되었다. 루이 14세가 기거하는 왕궁의 웅장함에서 영감을 받아 '폴란드의 베르사이유 궁전'이라고도 한다. 한때 군주와 귀족이 거주하던 빌라노프 궁전은 현재 박물관으로 이용되고 있다. 제1, 2차 세계대전에서 살아남은 바르샤바의 몇 안 되는 유적 건물 중 하나로, 특히 많은 사랑을 받고 있다.

고풍스러운 문을 통해 안으로 들어가면 노란색과 흰색이 어우러진 궁전의 화려한 외관이 눈에 들어온다. 궁전은 깔끔하게 정리된 정원을 바라보고 있다.

빌라누프 궁전은 건축 당시 굉장히 세밀하게 지은 건물 중 하나인 만큼 몇 시간을 살펴보아도 새로운 것을 발견하게 된다.

1층의 왕족 처소에 가면 폴란드 귀족의 일상을 엿볼 수 있다. 금은보화로 치장한 채 콘서트 홀의 작은 연주회에 참석하는 왕족이 된 모습을 상상하게 된다. 2층에 가면 폴란드 거장들의 그림과 석상이 전시되어 있는 폴란드 초상화 갤러리가 나온다. 멀티미디어 전시관과 영화를 관람하며 거주했던 사람의 삶에 대해 알아볼 수 있다. 가장 주목할 만한 인물로는 킹얀 3세 소비에스키를 꼽을 수 있다. 궁전의 넓은 부지를 따라 여유로운 산책에 나가면 이탈리아 정원과 호수도 볼 수 있다. 봄이 되면 정원은 다채로운 장미가 만개하는 화려한 세상으로 모습을 바꾼다.

🌐 www.wilanow-palac.pl 🏠 Stanisława Kostki Potockiego 10/16, 02-958 Warszawa, 구 시가지에서 약 13㎞ 16번 버스를 타고 이동 🕐 9~18시(11~4월까지 16시/월요일 휴관), 가이드 투어로 입장 09시 30분~14시30분
🎫 목요일 무료 입장

문화 과학 궁전
Pałac Kultury i Nauki

엔나에서 터키를 물리친 얀 소비에스키 3세의 여름궁전으로 빌라노프 왕궁이 가장 유명하다. 왕궁 뒤의 온실에는 미술관이 있고 왕의 마구간으로 사용되던 포스터 박물관Plakatu Museum에는 세계적으로 알려진 폴란드의 포스터 미술품들이 전시되어 있다.

🌐 www.pkin.pl 🏠 Plac Defilad 1 🕙 10～20시(금, 토, 일요일 23시30분까지) 📞 +48-22-656-6020

사스키 정원
Warsaw Ogro Saski / Saxon Garden

유서 깊은 정원의 한적한 거리를 거닐 수 있는 사스키 정원^{Warsaw Ogro Saski}은 폴란드에서 가장 오래된 공원이다. 깔끔하게 정돈된 정원과 멋지게 가꾼 화단, 정교한 조각상이 있는 우아하고 잘 손질된 사스키 정원^{Warsaw Ogro Saski}은 도시에서 가장 훌륭한 녹지 공간 중 하나이다. 한때 왕궁 정원이었던 도심 공원은 현재 한적한 휴식 공간으로 바뀌어 강아지와 함께 산책을 즐기는 주민, 가족 나들이객, 유모차를 끄는 시민들이 많이 찾는 곳이 되었다.

사스키 정원^{Warsaw Ogro Saski}은 원래 막강한 힘을 자랑하던 아우구스투스 2세가 왕궁 정원으로 선택한 곳이었지만 18세기에 접어들어 누구나 이용할 수 있는 공간으로 문을 열었다. 한때 구 시가지 외곽에 있는 여러 공원으로 이루어진 '삭슨 액시스^{Saxon Axis}'의 일부이기도 했다.

멋진 밤나무 길을 따라 거닐며 바로크 시대의 정교한 조각상도 볼 수 있다. 이곳의 조각상

은 덕행과 과학, 원소를 나타내는 우화적 형상을 묘사하고 있다. 공원 한가운데에는 19세기에 증축된 커다란 마르코니 분수대Marconi Fountain가 우아한 매력을 뽐내고 있다. 아이들에게 분수대 근처에 놓인 거대한 해시계를 보여 주고 공원 놀이터에서 마음껏 뛰어노는 장면이나 자리를 잡고 앉아 피크닉 음식을 즐기거나 잔디밭에 누워 여유를 즐기는 장면을 볼 수 있다.

제2차 세계대전을 거치며 황폐해지기 전만 해도 사스키 정원Warsaw Ogro Saski 주변과 바르샤바 전체의 도시 경관은 지금과 달랐다. 전쟁에서 목숨을 잃은 수많은 폴란드 병사를 기리는 무명용사의 묘에 들러 그때를 생각해 볼 수 있다. 공원 가장자리에 있는 기념비는 한때 위용을 자랑하던 사스키Warsaw Ogro Saski 궁전의 유일한 흔적으로 남은 아치문 아래에 서 있다. 궁전 역시 제2차 세계대전 당시에 파괴되었다. 궁전이 있던 곳에는 피우수트스키 광장이 자리해 있는데, 중앙 광장에는 시위, 행진, 행사를 벌이기 위해 수많은 사람들이 모여든다.

풍경이 아름다운 공원을 보려면 해가 질때 정원으로 가보자. 조명이 보도를 비춰 저녁 시간 한가롭게 낭만을 만끽하며 산책을 즐기기에 좋다.

🏠 ul. Niecala9, Krolewska, 크룰레브스카(Królewska) 트램 정거장 하차
📞 +48-22-277-4200

무명용사의 묘
Grób Nieznanego Żołnierza

사스키Saxon 궁전 안에 있는 무명용사 묘는 폴란드를 위해 목숨을 바친 모든 남녀를 추모하는 기념비이다. 무명용사의 묘는 조국을 위해 싸우다 목숨을 잃은 모든 이들을 기리는 감동어린 기념비이다.

기념비는 홀로 서 있는 포르티코 아래에 자리해 있다. 포르티코는 제2차 세계대전 당시에 파괴된 사스키Saxon 궁전의 자취를 더듬어 볼 수 있는 유일한 흔적이 있다.

무명용사의 묘는 순국자를 기리는 기념비로 바르샤바 도심을 둘러보는 동안 파란만장했던 이곳의 역사를 생각해 보고, 조국을 지키다 목숨을 잃은 병사들을 위한 묵념의 시간도 있다. 입니다. 평온하고 사색적인 분위기가 곳곳에서 배어 나오는 곳이다.

원래 1918~1919년 폴란드–우크라이나 전쟁 당시 목숨을 잃은 무명용사의 잔해를 안치하기 위해 1925년에 건축되었다. 용사의 유해 옆에는 동부 국경 지대의 각기 다른 14군데 격전지에서 가져온 흙이 담긴 용기가 함께 안장되었다.

묘지를 덮고 있는 우아한 매력의 콜로네이드도 살펴보면 웅장한 19세기 신고전주의 건축물인 사스키Saxon 궁전의 유일한 잔해이다. 궁전은 1944년 바르샤바 봉기가 실패한 후 폭파되었다. 콜로네이드 아래에 새겨진 병사들의 이름을 읽어 보고 과거 전쟁들이 언급되어 있는 석판도 살펴볼 수 있다. 역사가 10세기 이전까지 거슬러 올라가는 전쟁도 포함되어 있다.

근위병 교대식
조용히 묘 옆을 지키고 서 있는 근위병과 영원히 타오르는 불꽃을 보고 1시간에 한 번씩 진행되는 근위병 교대식도 관람해 보세요.

일요일에 도심을 둘러볼 경우 정오에 맞춰 방문하면 1주일에 한 번씩 더욱 화려하게 펼쳐지는 근위병 교대식을 구경할 수 있다.

폴란드 병사의 독특한 행군 방식도 관찰해 보자. 국경일에는 무명용사의 묘에서 대대적인 추모식도 열린다.

신세계 거리
EATING & SLEEPING

바르샤바 대학에서 남쪽으로 이어지는 거리를 신세계 거리라고 한다. 레스토랑, 카페, 각 종 상점들이 이어져 있고 항상 사람이 많아서 걸어 다니기에 좋다.
젊은이들이 모이는 곳이어서 서울의 홍대 같은 곳인데 상당히 도로가 깔끔하다. 이유는 야 외에서 음주가 금지이기 때문에 식당에서만 음주를 할 수 있다. 야외음주는 벌금이 기다리 고 있으니 삼가야 한다.

블릭클
Blikle

대한민국의 파리바게뜨 같은 빵과 도넛 전문점으로 안토니 카지미에르즈 블릭클Antoni Kazimierz Blikle이 1869년, 바르샤바의 35 Nowy Swiat Street에 문을 열었다.

145년 이상 고급 케이크와 패스트리로 유명해졌다. 가장 유명한 생과자는 요리사가 만든 매일 최고 품질의 제품을 제공하고 있다. 대대로 내려오는 전통적인 요리법, 맛, 냄새, 재료 선택의 관리를 통해 만들어지고 있다. 유명한 로즈 잼 도넛 외에도, 전통적인 양귀비 씨 케이크, 꿀 진저 브레드, 달콤한 빵, 초콜렛 에클 레어부터 가벼운 과일 무스와 타르트에 이르기까지 다양한 먹거리가 가득하다.

| 홈페이지 | www.blikle.pl | 위치 | ul. Nowy Swiat 33 |
| 시간 | 09~19시30분(일요일 19시까지) | 전화 | +48-22-806-0569 |

마기아 이탈리아 젤라티 카페
Magia d'Itallia Gelati Cafe

파리, 도쿄, 독일, 오스트리아에 지점을 둔 이탈리아의 젤라또 가게로 고급스럽게 이태리 풍으로 인테리어를 꾸몄다. 지나가는 관광객은 한번은 사먹게 되는 여자들에게 인기가 많다. 주로 바르샤바에 온 관광객은 주 고객이라고 보면 된다.

홈페이지 www.blikle.pl   위치 ul. Gorczwska 124   시간 10~22시   전화 +48-22-533-4000

빈 민
Binh Minh

베트남과 태국 음식을 파는 음식점이 바르샤바에 여러 곳이 있는데 그중에 가장 유명하다고 생각하면 된다. 바르샤바에 온 동남아시아와 중국 여행자의 사랑을 받고 있는 음식점이다.

폴란드에 새롭게 주목받고 있는 다양한 동양의 음식을 폴란드 스타일을 가미하였다. 신세계 거리의 중간 정도 대로변에 있고 항상 사람들로 꽉 차 있어 찾기는 어렵지 않다.

위치 ul. Nowy Swiat 42　　**시간** 09~20시 30분　　**전화** +48-22-826-4677

다우네 스마키
Restauracja Dawne Smaki

관광객이 주로 찾는 폴란드 전문요리 레스토랑으로 인정하는 곳이다. 우리는 피에로기와 골룡카를 먹기 위해 가는 곳이다. 신세계 거리에서 가장 관광객이 많이 찾는 폴란드 전통요리 전문점으로 지도를 보고 찾아갈 필요가 없을 정도로 도로에 붙어있다.

중국인 관광객이 늘어나 음식을 주문하면 요리가 빨리 나온다. 그렇다고 종업원이 고객이 부르면 재빠르게 다가가지는 않을 것이다. 그래서 요리를 먹으려면 시간이 걸리기 때문에 사전에 맥주를 주문하여 기다리는 것이 좋은 방법이다. 저렴한 가격으로 먹고 싶은 관광객이 찾아가는 레스토랑은 아니기 때문에 합리적인 가격과 활기찬 분위기에서 저녁식사를 하고 싶다면 추천한다.

홈페이지 www.dawnesmaki.pl　　**위치** ul. Nowy Swiat 49　　**시간** 12~다음날 새벽 1시　　**전화** +48-22-465-8320

볼리우드 라운지
Bollywood Lounge

다우네 스마키 레스토랑 옆에 있는 인도 정통 음식 전문점으로 현지인은 물담배가 신기해 찾는다. 입구는 파란색이 인상적인데 가끔씩 다우네 스마키로 잘못알고 들어오는 손님도 있다고 한다. 요리가 맛있는 곳은 아니기 때문에 관광객이 많이 찾지는 않는다.

홈페이지 www.bollywoodlounge.pl **위치** ul. Nowy Swiat 58 **시간** 12~다음날 새벽 4시 **전화** +48-22-827-0283

비어할레 레스토랑 & 브루어리
Bierhalle Rastaurant & Breaery

바르샤바 젊은이들이 좋아하는 장소이다. 내부는 독일 스타일로 장식되어 자유스럽고 2층은 특히 벽면에 장식된 사진들과 악세사리는 폴란드와는 이질적이기까지 하다. 이곳은 특히 밤늦게까지 운영을 하기 때문에 밤에 먹고 싶을 때 찾으면 좋을 장소로 매콤한 맛의 음식이 맥주와 함께 안주로 먹기에 좋다.

홈페이지 www.bierhalle.pl **위치** ul. Marszalkowska 55/73 **시간** 12~22시 **전화** +48-601-677-376

N31 레스토랑 & 바
Restaurant & Bar

중앙역에서 대각선 방향에 위치해 있는 유명한 쉐프의 음식을 먹고 싶다면 추천하는 레스토랑이다. 비즈니스를 위한 고객들이 많아서인지 내부 인테리어도 깔끔한 도시적 분위기이다.
가격이 비싸기 때문에 이곳에서 조금이라도 저렴하게 먹고 싶다면 점심시간의 할인을 이용하는 것이다. 폴란드 전통음식을 누구나 맛있게 먹을 수 있도록 만든다는 셰프의 생각으로 탄생한 다양한 메뉴는 먹고 있으면 짜증이 난다. 너무 맛있는데 양이 적어 계속 주문하게 만들기 때문이다.

홈페이지 www.n31restaurant.pl　위치 Nowogrodzka 31　시간 12~23시　전화 +48-600-861-961

투티 산티 바르샤바
Tutti Santi Warszawa

바르샤바에서 가장 유명한 피자 전문점으로 내부의 기독교 분위기의 그림이 인상적이다. 폴란드 전체에 9개의 매장을 가지고 있다. 현지인은 물론이고 관광객이 많이 오는 곳으로 테이블이 거의 꽉 차 있다.

메뉴판을 보면 종류가 많아 주문하기가 힘들겠다고 생각하겠지만 재료를 자세히 보면 햄&치즈, 돼지고기, 쇠고기, 야채 등이기 때문에 주문은 어렵지 않고 우리가 먹었던 피자가 담백하게 나오기 때문에 어느 메뉴를 주문해도 맛은 보장이 된다. 커피를 디저트로 주문해 먹는 경우가 많은데 커피맛이 좋지는 않다.

홈페이지 www.tuttisanti.pl　위치 ul. Krolewska 18　시간 11~22시　전화 +48-519-717-234

브래서리 바르샤바스카
Brasserie Warszawska

바르샤바 시민들이 알아주는 레스토랑으로 유명하다. 스테이크와 양고기, 디저트가 인기 메뉴이며 스테이크는 9가지 종류로 다양한 고기 맛을 즐길 수 있다.

폴란드 인들도 고급 레스토랑에서 고기와 와인을 마시는 분위기가 있다. 프랑스에서 맛본다는 달팽이 요리가 인기 메뉴이기 때문에 한번쯤 먹어보기를 추천한다. 먹어보면 다른 해산물과 비슷한 맛을 느낄 수 있다.

홈페이지 www.brasseriewarszawska.pl　위치 ul. Gornoslaska 24　시간 12~22시　전화 +48-22-628-9423

바르샤바는 큰 도시이다. 다른 유럽국가에서 기차나 버스를 타고 중앙역으로 도착했다면 중앙역근처에 숙소를 정하게 된다. 하지만 중앙역 근처보다 여행에서 관광객에게 가장 좋은 숙소의 위치는 왕의 길에 있는 노비 쉬비아트Nowy Swiat 거리 근처이다. 중앙역에서 노비 쉬비아트Nowy Swiat 거리와 와지엔키 공원까지 30분 정도면 걸어갈 수 있어 이곳에서 걸어 다니는 것이 여행하기에 편리하다.

2명 이상이라면 저렴한 아파트를 찾는 것이 저렴하게 여행을 하는 방법이다. 폴란드는 아파트가 상당히 저렴하여 3명이면 호스텔비용보다 저렴하게 아파트에 편안하게 묵을 수 있다.

바르샤바에 아직은 다른 서유럽처럼 많은 관광객이 오지 않겠지라는 생각에 예약을 안하고 폴란드 여행을 시작하는 경우가 있는데 바르샤바에는 많은 관광객으로 넘쳐난다. 반드시 성수기에는 미리 숙소를 예약하는 것이 좋다. 요즈음 여름에 무더위가 예전에 비해 심해 숙소에는 에어컨이 있는 지 없는 지 확인해야 한다.

호스텔은 오전에 체크아웃을 하면 청소를 하고 14시부터 체크인을 하기 때문에 오전에는 체크인을 안 해 주는 숙소가 많다. 오전에는 짐만 맡기고 관광을 하고 돌아와 체크인을 해야 한다. 호텔은 다소 체크인 시간이 아니어도 유동적이지만 호텔마다 직원마다 다르다.

슬립웰 아파트먼트 뉴타운
SleepWell Apartments Nowy Swiat

카페와 레스토랑이 즐비한 뉴타운의 중심에 있는 아파트로 바르샤바를 여행하기 가장 좋은 위치에 있는 아파트이다. 4성급호텔보다 더 좋은 시설과 이지만 상대적으로 가격도 저렴하고 체크인도 주인이 빨리 확인하고 아파트로 들어가게 해준다. 방음이 조금 안 되는 단점은 있지만 큰 소리는 아니어서 잠을 못잘 정도는 아니다. 바르샤바의 관광지를 걸어서 여행하고 싶은 여행자에게 추천한다.

위치 Nowy Swiat 62, Srodmiescie, 00-357 　**요금** 트윈룸 66€~ 　**전화** +48-60-030-0749

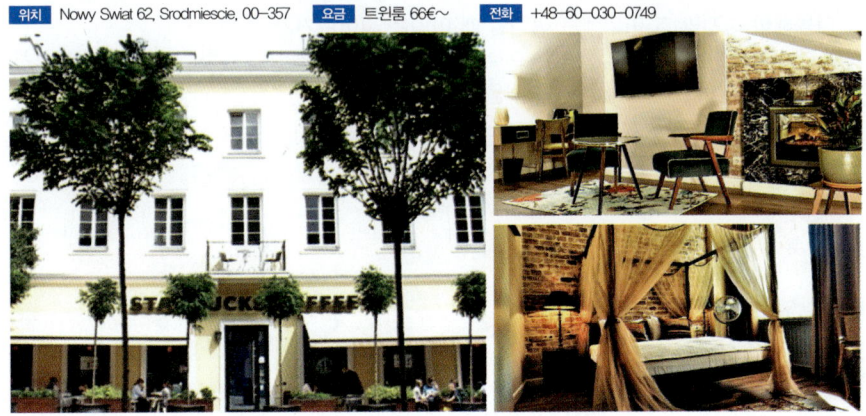

그로마다 바르샤바 센트룸 호텔
Gromada Warszwa Centrum Hotel

바르샤바의 뉴타운에 있는 노비 쉬비아트^{Nowy Swiat} 거리에서 400m정도 떨어져 있는 호텔이다. 호텔을 오픈한지 5년이 안 된 3성급 호텔로 시설은 좋고 가격도 저렴하여 비즈니스 고객이 주로 찾는 호텔이었는데 바르샤바에 관광객이 늘면서 패키지 상품의 호텔로도 사용하고 있다. 이 호텔의 가장 큰 장점은 대로변에서 가까워 밤에도 안전하게 다닐 수 있다.

위치 Pl. Powstancow Warszawy 2, Srodmiescie, 00-030 **요금** 트윈룸 76€~ **전화** +48-22-580-9400

벨베데르스키 호텔
Belwederski Hotel

노비 쉬비아트^{Nowy Swiat} 거리에서 떨어져 있지만 버스로 5분이면 도착할 수 있다. 왕의 길인 와지엔키 공원 옆에 있어 공원을 산책할 수 있는 장점이 있다.
조용하게 있고 싶어하는 비즈니스 고객이 주로 찾는 호텔이다. 올드타운을 여행하려면 차로 이동해야 하지만 그 이외에는 여행할 때 어디든 걸어가기가 편하다.
룸의 개수가 작은 것이 유일한 단점으로 저렴하고 청결한 호텔을 원하는 여행자에게 추천한다. 작은 호텔이고 위치가 찾기가 처음에 어려울 수 있다.

위치 ul.Belwederska 44C, Srodmiescie **요금** 트윈룸 98€~ **전화** +48-22-840-4011

레오나르도 로열 호텔
Lonardo Royal Hotel

시베리아 횡단열차를 이용하는 고객들이 주로 이용하는 여행자에게 추천한다. 직원은 24시간 상주하기 때문에 늦게라도 체크인이 가능하고 기차역과 레닌 광장에서 가까워 디나모 공원과시가지 관광이 편하게 이루어진다. 방이 다른 호텔보다 좁지만 조식은 적절하고 맛이 있지는 않다.

위치 ul.Grzybowska 45, Wola 00-844   **요금** 트윈룸 98€~   **전화** +48-22-840-4011

햄프턴 바이 힐튼 호텔
Hampton by Hilton Warsaw Hotel City Centre

힐튼 호텔의 비즈니스 고객을 위해 만들어진 호텔은 중앙역 근처에 위치해 있다. 에어컨과 욕실까지 있는 넓고 쾌적한 호텔로 기차나 버스로 도착한 여행자가 많이 찾는다. 중앙역에서 도보로 1분 이내에 위치하고 문화과학궁전이 가까이 있다. 올드타운은 차를 타고 가야 하지만 관광은 어렵지 않다.

위치 ul.Wspolna 72 Srodmiescie 00-687   **요금** 트윈룸 109€~   **전화** +48-22-317-2700

로고스
Logos

배낭여행자에게 인기가 높은 호텔로 코페르니쿠스 과학센터에서 걸어서 5분 정도의 거리에 있어 걸어서 어디든 이동이 가능하다. 가격이 저렴하지만 시설이 좋다. 공간이 작지만 직원이 친절하여 더 오래있고 싶다는 생각이 든다.

버스로 7분이면 노비 쉬비아트 거리로 이동이 쉬워 여행하기에 편리하고 늦은 시간에 다녀도 위험하지 않은 위치에 있다.

위치 Wybrzeze Kosciuszkowskie 31/33   **요금** 트윈룸 39€~   **전화** +48-22-625-5185

메트로폴 호텔
Capuchino Hostel

문화과학궁전에서 5분정도 떨어져 있어 중앙역과도 멀지 않은 위치에 있다. 중앙역에 내리는 여행객이 주로 이용한다.

넓은 객실에 깨끗한 호텔이 가격도 저렴하지만 마트도 근처에 위치해 편리하다. 집 같은 분위기에 침대도 편하고 아침 식사도 푸짐하다. 친절한 직원과 조용하고 정을 느낄 수 있는 호텔로 추천한다.

위치 ul.Marszalkowska 99a, Srodmiescie 00-693   **요금** 트윈룸 91€~   **전화** +48-22-325-3100

올드 타운 아파트먼트
Old Town Apartments

구시가지 중심에 있는 아파트로 저렴한 가격이지만 쾌적한 아파트 내부와 넓은 화장실까지 집처럼 느끼게 만들어준다. 다만 아파트에 도착해 전화를 걸면 직원과 리셉션이 거리가 있어 혼동이 될 수 있기 때문에 정확한 위치를 문자로 받아서 구글 지도를 통해 찾아가는 것이 가장 빠른 방법이다.

위치 Nowy świat 29/3, 00–272 Warszawa **요금** 트윈룸 37€~ **전화** +48–503–312–686

타탐카 호스텔
Tatamka Hostel

저렴하고 시내에 위치한 숙박을 원한다면 찾는 유명한 배낭여행자의 호스텔로 175번 버스를 타고 오디나츠카 버스터미널에서 내려 도보로 10분 정도 걸어가면 나온다. 호스텔 근처에는 다양한 커피점과 상점이 있어서 편리하고 근처에 쇼팽박물관이 있어 관광지가 멀지 않다. 조식이 제공되어 많은 여행자들이 찾는 호스텔로 바르샤바에서 가장 유명한 호스텔이다.

홈페이지 Tamka 30, 00–355 Warszawa **위치** Tamka 30, 00–355 Warszawa **요금** 도미토리룸 7€~, 트윈룸 31€~ **전화** +48–222–472–879

Lublin

루블린

루블린

LUBLiN

루블린 구시가에는 역사적인 건축물들이 많이 남아 있지만 관광객이 아직 많지 않고 주민들은 대부분 밤 9시가 지나면 많이 다니지 않아서 삭막할 때도 있었다. 그러나 루블린 시가 점점 홍보를 강화함에 따라 관광객의 숫자는 점점 늘어나고 있는 추세이다.

시내에는 루블린 성과 교회 등 당시의 번영을 추측할 수 있는 건물들이 남아있고 볼거리도 풍성하다. 가톨릭 대학과 마리퀴리 대학 외에 많은 전문학교 등이 있는 학원도시이기도 하다. 교외에는 나치 독일에 의해 개설된 마이다네크 강제수용소 터가 있어서 찾아오는 이들에게 그때의 비극을 전해주고 있다.

간단한
루블린 역사

| 10세기 | 발트 해와 흑해를 연결하는 교역로 위에 있어서 번영하였다. |

| 11세기 | 흑해와 러시아 방면의 교역이 활발해짐에 따라 점점 발전하였다. |

| 12~13
세기 | 교통의 요충지였던 만큼 독일, 오스트리아, 러시아, 멀리 몽고인까지 외적의 침입을 수차례 경험하였다. |

| 16세기 | 1569년에 폴란드와 리투아니아 연합이 루블린에서 조인되면서 당시 유럽 최대의 제국이 출현하여 폴란드 분열의 체험을 겪게 되기까지 한동안 영광의 시대가 이어졌다. |

| 제2차
세계대전 | 1939년 9월, 나치 독일 공군의 맹폭격을 받아 큰 피해를 입고 그 후 몇 개월 지나지 않아 점령당하고 만다.
루블린이 해방된 것은 1944년 7월 22일 소련군과 독일군의 격렬한 공방전 끝에 4년 반에 걸친 나치 점령은 종지부를 찍었다. |

| 제2차
세계대전
후 | 폴란드 정부의 모체가 된 폴란드 국민해방위원회는 이곳에 본거지를 두었다. |

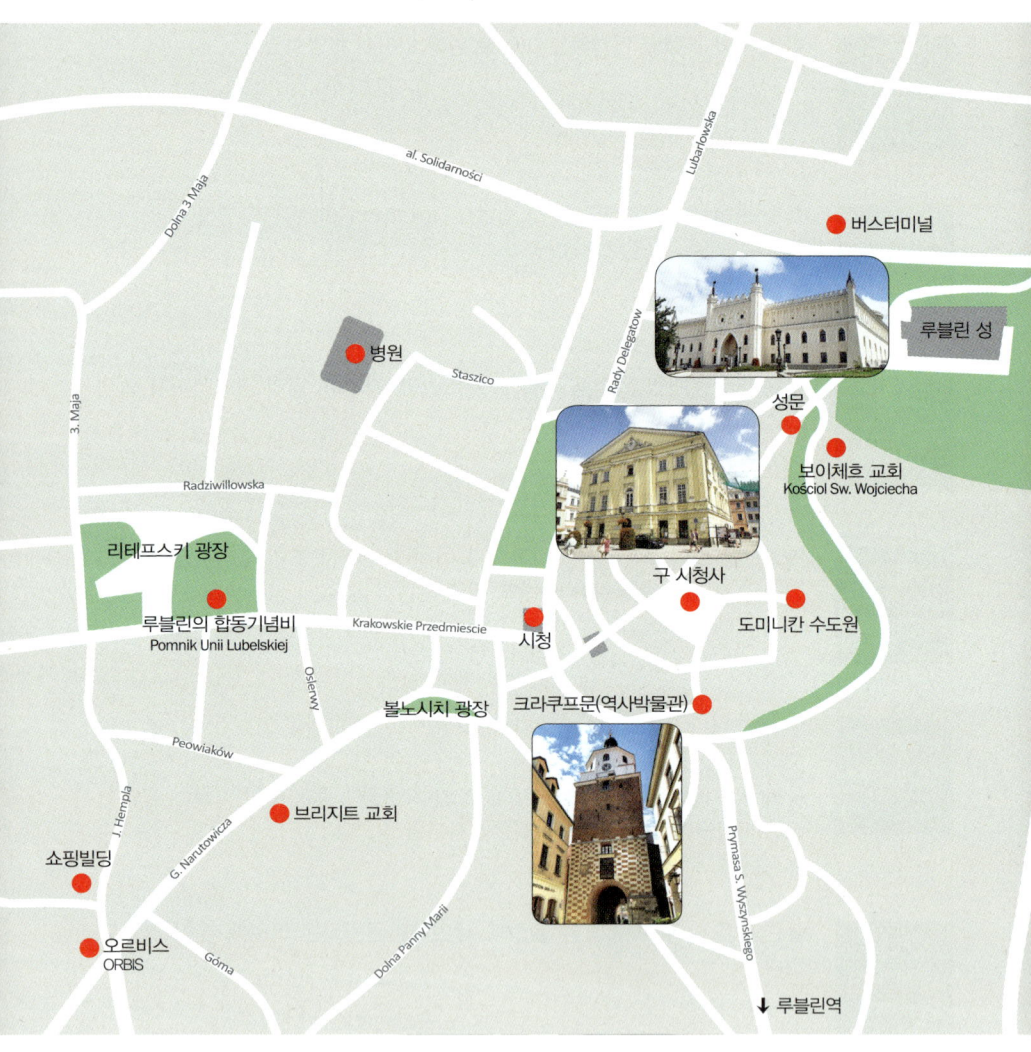

al. Solidarności

Dolna 3 Maja

Lubartowska

3. Maja

병원

Staszico

Raedy Delegatow

● 버스터미널

루블린 성

성문

보이체흐 교회
Kościoł Sw. Wojciecha

Radziwiłlowska

리테프스키 광장

구 시청사

루블린의 합동기념비
Pomnik Unii Lubelskiej

Krakowskie Przedmiescie

시청

도미니칸 수도원

Osiewy

볼노시치 광장

크라쿠프문(역사박물관)

Peowiaków

J. Hempla

브리지트 교회

G. Narutowicza

쇼핑빌딩

Dolna Panny Marii

Prymasa S. Wyszyńskiego

오르비스
ORBIS

Górna

↓ 루블린역

크라쿠프 문
Brama Krakowska

루블린을 상징하는 건축물로 폴란드 왕국의 수도였던 크라쿠프를 향하고 있다고 해서 크라쿠프 문이라고 한다. 이 문을 기점으로 하여 서쪽으로 뻗어있는 크라쿠프 교외^{Krakowskie} Przedlmiescie거리도 이름에서 추측할 수 있듯이 크라쿠프 방면으로 뻗어있다는 것에서 유래했다.

이 문은 1341년 몽고군의 침략 후, 루블린 시가지 방어를 목적으로 성벽과 함께 고딕양식으로 지었다. 수세기에 걸친 시간의 흐름은 당연히 여러 가지 변화를 가져왔는데, 나중에 더해진 르네상스양식과 바로크 양식이 뒤섞인 팔각형의 상부구조가 특징적이다. 내부는 루블린 역사박물관으로 이용하고 있다. 1959~64년에 복원하여 현재에 이르고 있다.

루블린 역사박물관(Lublin Historical Muaeum)

크라코프 문(Krakow Gate)에 위치한 박물관에는 도시 역사와 관련된 풍부한 전시물이 있습니다. 일부는 루블린에서 수행 된 작업 중에 취득한 고고학 기념물입니다. 이 부서는 잡지, 1 일 특별 상품, 간행물, 포스터 및 전단지를 소장하고 있습니다. 특히 19 세기 후반부터 1960 년대에 루블 린을 보여주는 재미있는 아이콘 그래픽 컬렉션, 특히 엽서와 사진에 주목합니다.

▶주소 : PL, Łokietka 3, 20–109　　▶전화 : +48 81 532 60 01
▶홈페이지 : bramakrakowska@muzeumlubelskie.pl

루블린 성
Zamek

구시가지로 접어들면 16~17세기의 건물이 빼곡히 들어서 있다. 14세기에 고딕양식으로 지은 뒤, 르네상스스타일로 손질한 도미니칸 교회와 그 부속 수도원을 보며 계속 직진하면 맞은 편 언덕 위에 우뚝 솟은 루블린 성이 보인다. 14세기에 이미 성의 형태를 띠고 있었으나 변천을 거듭한 결과 17세기에 지금의 모습으로 갖추었다. 넓은 정원이 아름답다. 제2차 세계대전 중에는 나치에 반항한 정치범들을 수용하는 감옥으로 사용된 아픈 과거를 가지고 있다.

루블린 성 내 박물관에는 17~19세기의 폴란드 회화, 은 식기와 촛대, 아름다운 민족의상 등 볼거리가 많다. 얀 마테이코의 그림 '1569년 루블린의 합동'이 대표적인 작품이다. 성내에 있는 성 삼위일체 예배당^{Kaplica sw Trojcy}에는 꼭 방문하자. 1418년에 그린 러시아 비잔틴양식의 프레스코화가 압도적인 느낌으로 다가온다.

🏠 ul. Zamkowa 9   📞 +48-81-532-5001

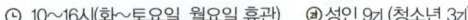

루블린 성당(Zamek Church)

성 요한에게 헌정된 교회는 1586~1604년에 세워졌다. 교회의 설계자, 얀 마리아 베르나르 도니Jan Maria Bernardoni는 부분적으로 예수회의 일원 인 일 게수Il Gesu를 모델로 건축되었다.

18세기에는 조셉 메이어Józef Meyer가 내부를 장식했고 1805년 대성당으 로 증축되었다. 하지만 제2차 세계대전에서 파괴된 후 대성당은 재건 되었고 현재에 이르고 있다.

🕐 10~16시(화~토요일, 월요일 휴관)   💲성인 9zł (청소년 3zł)

그로츠카 문
The Grodzka Gate

'유대인 문'이라고도 불렸던 그로츠카 문은 벽과 유대인 지역의 기독교 도시 사이의 경계에 있었기 때문이다. 그로츠카 문 Grodzka Gate는 1341년 몽고군의 공격이후에 중세 루블린Lublin의 방어벽으로 고안되었다. 고딕양식Gothic Style의 그로츠카 문 Grodzka Gate은 사면이 12m두께로 되어 있다. 통행로에 둥근 천장에 있고 그 위에는 사격이 가능하도록 설계되고 경비원이 상주하였다.

17세기 이후 추가적인 설계로 다락방이 추가되고 시설의 수리 작업이 진행되었다. 하지만 스웨덴 군의 침략으로 문은 파괴되었다. 18세기에 다시 그로츠가 문Grodzka Gate은 고전주의 스타일로 재건되었고 최근 2008~2009년에 보수가 이루어졌다.

🌐 www.tnn.lublin.pl   🏠 ul. Grodzka 21   📞 +48 81 532 5867

NN Theatre 센터
1992년 그로츠카 문(Grodzka Gate)과 이어진 인접 건물에서 루블린 극장 스튜디오(Lublin Theatre Studio)에 설립되었다. 1997년 극장이 활성화되면서 그로츠카 게이트 – NN극장(Grodzka Gate–NN Theatre) 센터로 확장되었다.

그로츠카 거리
Grodzka Street

루블린^{Lublin}에서 가장 잘 보존되어 있는 거리 중 하나로 중세부터 이름은 변경되지 않았다. 거리를 내려가면 파레 광장^{Po Farze Sq}광장으로 이어지고 위로는 르넥 거리^{Rynek St.}까지 이어진다. 루블린에서 가장 활성화된 거리로 카페와 시청, 올드타운이 이어지는 중심에 있다.

시청

그로츠카 거리

성 삼위일체 성당 & 탑
Holy Trinity Cathedral & Tower

성 언덕에 위치한 성 삼위일체 성당은 폴란드에서 중세예술의 가치 있는 기념물 중 하나이다. 고딕 건축물과 러시아–비잔틴 벽화의 조화를 보여주는 예배당은 14세기 후반, 카시미르 대왕에 의해 성으로 세워졌다. 15세기에 안드르제 Andrzej의 지시로 폴란드의 유명한 화가였던 루테니는 러시아와 비잔틴 양식의 예배당을 본 따 프레스코화로 꾸몄다.
예수 그리스도, 마리아, 성도들의 삶의 장면들로 그려진 그림이 대부분이다. 기둥과 본 교회건물은 무지개 아치로 연결되어 있다.

🏠 Krolewska 10

성 삼위일체 탑(Holy Trinity Tower)
루블린에서 꼭 방문해야 할 곳이 성 삼위일체 성당 옆에 있는 탑이다. 성 삼위일체 성당에 관광객이 많은 이유는 도시를 조망할 수 있는 좋은 위치에 탑이 있기 때문이다.

많은 관광객이 아름다운 도시의 풍경을 보기 위해 탑을 오른다. 탑 입구에서 입장료(5zł)를 지불하고 좁은 계단을 올라가면 중간에 천사와 성인의 상, 커다란 종이 전시되어 있다.

가장 위층에 구시가지와 루블린 성의 전망을 즐길 수 있다.

파레 광장
Po Parze Square

13세기에 지어진 이후 수백 년 동안 교회가 세워진 장소로 천사 미카엘을 뜻하는 말로 'Fara'라고 불렀다. 전투에서 승리 한 후 공을 세운 프린스 레젝Prince Leszek에 의해 세워졌다. 교회의 원래 모습이 알려지지는 않았다. 15세기에 교회가 재건되면서 교회에 학교와 병원이 있었고 정면에는 탑이 추가되었다. 교회 옆에는 18세기 말까지 교회 묘지가 있었다. 교회 탑은 높이 60m이상으로 웅장한 모습이었다고 한다.

1844년에 교회의 건물 상태가 나빠 교회를 해체 시키겠다는 결정이 내려졌다. 지금은 교회 터에서 옛 모습으로 복원한 작은 모형으로만 볼 수 있다.
성 주변의 아름다운 풍경을 볼 수 있는 루블린 시내의 데이트 장소로 연인들을 자주 볼 수 있다.

> **레젝의 전설**
> 전설에는 침입자들을 격퇴하기 위해 온 왕자는 나중에 교회가 서있는 곳에서 자란 오크 나무 밑에서 잠이 들었다. 꿈에서 천사 마이클은 그에게 나타나 나중에 도시를 지킬 수 있는 칼을 주었다고 전해진다.

약국 박물관
Pharmacy Museum

19세기에 만들어진 약국의 모습을 보여주는 박물관이다. 2개의 전시장에는 19세기의 약품을 준비하는 데 사용되는 약국 장비와 도구가 전시되어 있다. 오래된 조리법과 문서로 제시된 당시의 약 제조법을 볼 수 있다.

🏠 ul. Grodzka 5a 🕐 10~15시 30분(수~토요일, 11/1~4/1까지 11~14시 30분)
📞 +48-81-532-8820

올드 타운
Old Town

루블린 광장^{Lublin Square}은 언덕에 위치해 있고 매주 월요일 시장이 열린다. 시청이 있어 행정, 사법, 상업 및 문화적 기능이 있었다. 현재, 광장은 주민과 관광객을 채우는 카페로 둘러싸여 있다.
옛 루블린 시내의 부유층은 시장 주위에 주택을 소유하고 있었다. 지속적인 전쟁과 화재로 건물의 외관은 계속 변화하였다. 1575년, 1939년, 1944년 루블린 화재와 폭파사건으로 주택은 대부분 파괴되었다. 1950년대에 재건되어 지금에 이르렀다.

가톨릭 대학과 마리퀴리 대학

Katolicki Uniwersytet Lubelski, Marii Sklodowskiej-Curie

두 학교 모두 구시가지에서 떨어져 있지만 루블린 시내의 거의 중앙에 위치하고 있다. 가톨릭 대학이 이렇게 유명하게 된 것은 폴란드 국민의 존경을 받았던 전 로마교황 요한 바오로 2세의 출신학교이기 때문이다. 그뿐 아니라 그는 이곳의 신학 교수였던 적도 있다. 그리고 그 바로 뒤, 넓은 부지에 마리퀴리 대학이 있다. 폴란드의 대표적인 과학자인 퀴리 부인의 업적을 기리고자 그 이름을 붙였다. 대학 정문 앞 넓은 녹지대에 서 있는 부인의 대형 동상이 학생들의 공부하는 모습을 바라보고 있다.

루블린 시내에서 남동쪽으로 4㎞ 떨어진 마다넥Majdanek은 한때 유럽 최대 수용소 중 한 곳이었다. 26개국 24만 명이 이곳에서 죽어갔다. 막사. 감시대, 전기가 통하던 철조망 등이 그시대 그대로 남아 있다. 더 끔찍한 곳은 화장터와 가스실로 가이드 투어로 돌아 볼 수 있다.

카르다몬
Karamon

루블린에는 독일과 오스트리아 관광객이 많아서 맥주와 레스토랑에서 폴란드 전통음식보다 독일식 음식과 결합한 퓨전요리가 많이 나온다. 그 대표적인 레스토랑으로 인기가 높은 레스토랑이다.

주 메뉴는 다양한 해산물과 스테이크요리를 와인과 함께 달콤한 디저트를 후식으로 먹기 때문에 와인과 케이크는 인기이다. 날씨가 좋다면 문 바로 앞에 있는 2인용 테이블에서 먹는 것도 분위기가 이국적이어서 추천한다.

위치 ul. Krakowkie Prezdmiescie 41 **시간** 11~23시 **전화** +48-81-448-0257

보스코
Bosko

독일, 오스트리아에 지점을 둔 이탈리아의 젤라또 가게로 고급스럽게 이태리 풍으로 인테리어를 꾸몄다. 지나가는 관광객은 한번은 사먹게 되는 여자들에게 인기가 많다. 루블린에 온 관광객은 누구나 찾아가는 아이스크림 가게로 알려져 있다.

🏠 ul. Krakowkie Prezdmiescie 4 Kawiarnia I Lodziarnia 🕙 10~21시 💰 5~15zl 📞 +48-575-552-454

마기아
Magia

비즈니스를 위한 고객들이 많아서인지 내부 인테리어도 깔끔한 도시적 분위기이다. 가격이 다른 레스토랑에 비해 비싸기 때문에 이곳에서 조금이라도 저렴하게 먹고 싶다면 점심시간의 할인을 이용하는 것이다. 폴란드 전통음식을 누구나 맛있게 먹을 수 있도록 만든다는 셰프의 생각으로 탄생한 다양한 메뉴가 있다.

🏠 ul. Rybna 1　🕐 12~23시　📞 +48-502-598-418

스위티 미첼 펍 리저널리
Bierhalle Rastaurant & Breaery

바르샤바 젊은이들이 좋아하는 장소이다. 내부는 독일 스타일로 장식되어 자유스럽고 2층은 특히 벽면에 장식된 사진들과 악세사리는 폴란드와는 이질적이기까지 하다.
이곳은 특히 밤늦게까지 운영을 하기 때문에 밤에 먹고 싶을 때 찾으면 좋을 장소로 매콤한 맛의 음식이 맥주와 함께 안주로 먹기에 좋다.

🏠 ul. Grodzka 16　🕐 12~다음날 새벽02시　📞 +48-518-693-530

Krakow
크라쿠프

크라쿠프

KRAKOW

7세기부터 시작해 폴란드에서 가장 오래된 도시 중의 하나인 크라쿠프Krakow는 바르샤바로 수도가 이전되기 전까지 중세 유럽 문화의 중심지 역할을 해온 폴란드의 천년고도다. 대한민국의 경주와 비슷한 도시로 생각하면 된다. 바벨Wawel 언덕 아래 비스와Vistula 강이 흐르는 곳에 위치한 이곳은 대한민국에 방문한 적도 있던 교황 요한 바오로 2세의 고향으로도 유명하지만 아우슈비츠와 비엘리츠카 소금광산을 같이 여행하기 위해 항상 관광객들로 붐빈다.

크라쿠프는 유난히 붉은 빛이 어울리는 도시로 수많은 붉은 물결이 모여 하늘까지 말로 표현할 수 없는 색깔을 빚어낸다. 수많은 침략과 전쟁의 역사 속에서도 굳게 지켜온 폴란드의 강인한 자존심과 잘 어울리는 풍경이다.

간단한

크라쿠프 역사

1038년 ~1596년

폴란드 왕국의 수도이기도 했으며 특히 이 도시의 전성기는 예술과 학문을 적극 후원하였던 카지미에즈^{Kazimierz}왕의 통치 시기였다.
1364년 카지미에즈^{Kazimierz}는 크라쿠프^{Krakow}아카데미를 설립하여 후에 야기엘론스키 대학으로 개명되었다.

2차 세계대전

크라쿠프^{Krakow}는 2차 세계대전의 피해를 입지 않고 건축물이 보존된 폴란드 유일의 도시이다. 크라쿠프는 바르샤바와 다르게 잔혹한 전쟁의 역사 속에서도 거의 모든 것이 그대로다.
전쟁 초에는 독일군 사령부가 이곳에 자리 잡았고 전쟁이 끝날 무렵 연합군도 이 지역만은 폭격하지 않았다.

1960년대

불행히도 이곳은 근처 노바 후타^{Nova Huta}의 거대한 제철소에서 나오는 심각한 공해로 몸살을 앓았다.

1978년

크라쿠프는 유럽에서 처음으로 유네스코가 지정한 세계 문화유산에 오르게 되었다

한눈에
크라쿠프 파악하기

유럽에서 가장 크고 아름다운 구시가지의 중앙광장(가로 200m, 세로 200m)을 중심으로 고딕 양식의 성모마리아 성당, 고딕 양식과 르네상스 양식이 혼재된 직물 회관(그릇, 직물 등의 폴란드 특산품을 살 수 있다), 세계에서 가장 작은 로마네스크양식의 건축물인 보이체크 성당, 귀족들의 저택들이 늘어서 있다.

광장 주변으로 노천카페와 레스토랑을 가득 채운 관광객들은 활기를 불어넣는다. 구시가지를 둘러볼 수 있는 관광마차가 일몰을 향해 달리는 풍경에 마음이 달뜬다. 중앙광장 사이사이로 난 좁은 골목을 탐방하다보면 관광객의 발길이 뜸한 크라쿠프 본연의 모습들을 만날 수 있다.
현지인들이 즐겨 찾는, 세월의 흔적이 고스란히 묻어나는 건물에 둥지를 튼 많은 카페와 상점들이 기품 있으면서도 아늑한 매력을 발산하며 골목에 운치를 더한다.

바르바칸

플로리안 문

차리토리스키 박물관

역사박물관

성 안나 교회

콜레기엄마이우스

구시가 광장

시청사 탑

직물회관

성 마리아 성당

도미니칸 교회

프란시스칸 교회

피터와 폴 교회

성 앤드류 교회

대성당

바벨 성

크라쿠프 IN

비행기

하루에 5~7편이 유럽의 전역을 연결하는 저
가항공으로 매일 유럽의 다른 도시에서 출발
해 도착할 수 있다. 영국의 런던, 독일의 프랑
크푸르트, 프랑스 파리(요일에 따라 운항수가
다름)에서 50~70분정도 소요된다.

기차

중앙역에는 폴란드의 전역을 연결하는 모든 열차가 준비되어 있다. 바르샤바까지 2시간
30분~3시간 정도가 소요되며 첸스트호바까지는 2시간 30분, 브로츠와프는 4시간 30분,
포즈난은 7시간, 루블린은 4시간이 소요된다. 오슈비엥침행 열차는 1시간 30분 정도가 소
요된다.

버스

기차역과 MDA버스터미널은 같이 있어 접근성
이 좋다. 버스는 수도인 바르샤바와 더불어 비
슷한 정도의 버스가 운행하고 있다. 폴스키
Polski 익스프레스와 플릭스Flix Bus버스가 매일 폴
란드의 모든 도시와연결되어 운행하며 서부
의 브로츠와프와 북부의 그단스크까지 6~7시
간이 소요된다.

▶홈페이지_ www.mda.malopolska.pl

크라쿠프
핵심 도보 여행

도시 곳곳에서 성, 유적과 박물관을 찾아볼 수 있는 크라쿠프는 화려한 건축물, 독특한 현대 미술과 흥미로운 역사로 유명한 폴란드의 옛 수도이다. 폴란드에서도 가장 오래된 도시 중 하나인 크라쿠프는 격동적인 역사로 유명하다. 옛날 성과 화려한 르네상스 양식의 궁전에 자리한 박물관에는 왕실 보물과 홀로코스트 전시가 가득하다. 현대미술, 주말 시장과 흥겨운 나이트라이프가 발달한 크라쿠프는 과거만큼이나 현재도 활기가 넘친다.

크라쿠프는 750년이 넘는 역사 중 500년 동안 폴란드의 수도였다. 대대로 군주들이 성과 성당을 건축하며 왕의 권위를 자랑하는 도시를 세워나갔고 지금도 지속되고 있다. 도시 내에 전차와 버스 등의 대중교통이 잘 갖춰져 있어 어디를 가든지 이동이 편하다. 하지만 대부분의 관광지는 걸어서 돌아다녀도 될 정도로 가까워 크라쿠프 구시가지인 역사 지구에 밀집해 있다. 유럽에서 가장 화려한 제단화를 소장한 화려한 성모 마리아 성당을 방문해 보자. 한때 구시가지 성벽이 세워져 있던 곳에 자리한 플란티 공원을 거닐어도 좋다. 구시가지의 성문인 바르바칸은 공원에서 가장 인상적이다.

구시가는 가장 큰 시장 광장^{Rynek Glowny}을 둘러싸고 있으며 구시가 남쪽 끝으로 바벨 성이 있다. 더 남쪽으로 이동하면 카지미에즈 지역이 나오고 버스와 기차역은 구시가 북동쪽에 위치해 있다.

시장이 들어서 있는 리네크 글로브니^{Rynek Glowny}는 아름다운 광장으로 유럽에서 가장 큰 중세 마을 광장이다.

16세기 르네상스 양식의 클로스 홀^{Cloth Hall}은 광장 중앙에 위치하고 있으며 커다란 공예 시장이 1층에 있다. 위층은 19세기 폴란드 회화 미술관으로 마테코의 유명한 작품 등이 전시되어 있다.

구사가지를 걷다보면 어디에서나 볼 수 있는 2개의 첨탑이 있는 건물은 중앙 시장 광장 동쪽에 위치한 성 마리아 성당이다. 13세기에 고딕 양식으로 지어진 이 성당은 2개의 첨탑의 높이가 다른 것이 특징이다. 형제가 1개씩 탑을 맡아서 짓게 되었는데 더 높고 멋지게 만든 형의 탑을 시기한 동생이 형을 죽이고 자살했다는 이야기가 전해온다.

성당의 탑에서는 매 시간 나팔소리가 울리는데, 이 소리는 13세기 타타르군의 침략을 알리는 기상나팔을 불다가 화살에 맞아 숨진 나팔수를 기리는 것이다. 클로스 홀 반대편으로 15세기 시청 타워가 있으며 꼭대기까지 오를 수 있다.

7개의 문 중 유일하게 남아있는 플로리안 문^{Florian Gate}(1307)은 1498년 방어 성벽인 바르바칸 뒤에 있다. 차르토리스키 박물관^{Czartoryski Museum}에는 레오나르도 다 빈치의 '가운 입은

여인'을 비롯해 많은 미술품들이 전시되어 있다. 숄라스키 박물관Szolajski Museum에는 고딕과 르네상스 종교 작품들이 다양하게 전시되어 있다.

15세기 콜레기움 마이우스Collegium Maius는 크라코프 아카데미 건물 중 현존하는 가장 오래된 것으로 니콜라스 코페르니쿠스Nicolauas Copernicus가 공부하던 곳이다. 중앙도로인 크로즈카Grodzka 남쪽에는 17세기 초 예수회교회이며 폴란드 최초의 바로크 교회인 SS베드로 & 바울 교회Church of SS Peter & Paul가 있다. 크라쿠프에서 가장 아름다운 거리로 꼽히는 쪽 뻗은 카노니카Kanonicza 거리는 유명한 시인, 화가, 극작가, 스테인드글라스 디자이너 등을 위한 비스피안스키Wyspiansk 박물관이 있다.

도시 위로 우뚝 솟은 바벨 성도 지나칠 수 없다. 16세기 이후 침략으로부터 크라쿠프를 지켜낸 바벨 성에는 멋지게 꾸며진 방들이 있으며, 호화로운 보석과 각종 갑옷이 전시되어 있다. 또한 역사적인 바벨 대성당과 용들이 살았다는 전설을 간직한 석회암 동굴인 용의 동굴에도 들러보자.

구시가 남쪽에 있는 바벨 언덕 꼭대기에는 폴란드를 상징하는 바벨Wawel 성과 성당이 있다. 바벨 성당Wawel Cathedral은 4세기에 걸쳐 폴란드 왕족의 대관식과 장례에 이용되던 곳으로 100명의 왕과 왕비가 비문에 씌어 있다. 성당 안쪽 탑에는 폴란드에서 가장 큰 11톤의 종이 있으며 성당 옆 박물관이 있다.(일요일 오전을 제외하고 매일 개관)

16세기 바벨 성은 성당 뒤에 있으며, 화려한 이탈리아 르네상스 풍의 정원 건물에 있는 전시관은 정문에서 별도

로 표를 구입해야 한다. 성과 성당을 제대로 보려면 최소 3시간이 소요되며 특히 여름관람
시에는 일찍 입장하는 것이 좋다. 성의 외곽에 있는 악명 높은 용의 동굴Dragon's Cave은 이
지역을 다스리던 최초의 영주가 살던 곳이다. 전설에 의하면 크락 왕자는 비츌라가 내려다
보이는 최적의 장소에 크라쿠프를 세우기 위해 이곳에 살던 용을 속였다고 한다.

크라쿠프의 역사는 유대인 공동체와 밀접하게 관련되어 있다. 오스카 쉰들러의 공장에서
그 역사를 볼 수 있다. 스티븐 스필버그의 영화인 '쉰들러 리스트'로 유명해졌다. 옛날 공장
은 홀로코스트에 관한 잊을 수 없는 전시물로 가득한 종합 박물관이 되었다. 갈리치아 유
대인 박물관은 현재의 크라쿠프에서 유대인으로 사는 것이 어떤 것인지 사진을 통해 알려
준다.

여름이 되면 크라쿠프의 도시 공원은
야외 콘서트와 축제로 활기를 띤다.
요르단 공원에서 소풍을 즐기거나 도
시를 가로질러 흐르는 비스와 강에서
크루즈 여행을 떠나는 관광객이 많다.
겨울이면 눈 내린 크라쿠프의 구시가
지 건물들이 낭만적인 분위기를 자아
낸다.

플로리안 문
Florian Gate

침입자로부터 구 시가지를 지키던 성벽은 19세기에 파괴되어 녹지로 꾸며져 현재는 거의 남아 있지 않다. 그나마 과거의 위용을 짐작할 수 있는 것이 바르바칸 옆에 있는 구시가지로 연결된 플로리안 문Florian Gate이다. 크라쿠프 구시가지의 북쪽 문에 해당하는 플로리안 문Florian Gate은 1300년 경에 세워졌다.

다른 성문은 다 무너졌지만 크라쿠프의 구시가지 북쪽 출입구인 플로리안 문Florian Gate은 아직도 옛 모습을 간직하고 있다. 플로리안 문Florian Gate을 들어서면 전통복장을 입은 사람들이 공연도 하고 무엇인가를 나눠주기도 한다.

 www.krakow.pl   Ul. Pijarska

![플로리안 문 사진]

191

바르바칸
Barbaken

동서 유럽의 한복판에 위치한 폴란드는 외세의 침략이 끊이지 않았던 나라이다. 크라쿠프에 700년 된 '바르바칸'이라는 희귀한 성벽 요새도 강한 나라의 침략 앞에서는 어쩔 수 없었을 것이다.

플로리안 문^{Florian Gate}을 수호하듯 서있는 원형 요새가 1498년에 만든 바르바칸^{Barbaken}이다. 이 원형 요새는 지금은 유럽에 몇 군데 밖에 남아있지 않은 원형 모양의 매우 희귀한 건축물로 유럽에는 바르샤바와 크라쿠프에만 있다. 크라쿠프에 있는 것이 현존하는 것 중 최대 규모로 남아 있다.

바르바칸 내부에는 이름을 알 수 없는 돌들을 볼 수 있다. 크라쿠프 시민들이 돌을 던져 적의 침입을 막았던 역사를 기리기 위한 것이라고 하는데 우리나라의 조선시대 행주대첩과 비슷하다.

한때 크라쿠프의 안위를 책임졌던 망루는 유럽에서 가장 보존이 잘 된 것으로 유명하다. 고딕 양식의 장엄한 바르바칸^{Barbaken} 앞에 서서 건물을 둘러싸고 있는 130개의 창에서 적을 향해 쏟아지는 화살을 상상할 수 있다. 인근에는 오래된 성벽의 잔해를 찾아볼 수 있다. 커다란 안뜰에는 야외 콘서트나 중세의 마상 창 시합이 열리기도 한다.

1498년에 지어진 바르바칸Barbaken은 과거에 도시의 주요 성문이었다. 7개의 포탑으로 구성된 바르바칸Barbaken은 양쪽의 고딕 양식 파사드에 의해 성벽과 연결되어 있었다. 과거에는 30m 너비의 해자로 둘러싸여 있어서 적의 침략에 대비하여 세워진 강력한 요새였다.

높이 10m, 두께 3m에 달하는 두꺼운 벽으로 적의 침입에 효과적으로 맞설 수 있었다. 지금 유럽에 남아 있는 3개의 망루 중 하나로, 가장 훌륭하게 보존된 곳으로 알려져 있다.

🌐 www.mhk.pl 🏠 Ul. Basztowa 50
📞 +48-12-422-9877

가이드 투어(약 1시간 진행)
성벽의 역사와 탑에 살며 크라쿠프를 적으로부터 보호한 군인들이 서있는 모습을 상상할 수 있는 설명을 한 후에, 벽에 올라 창밖을 내다보면 고국을 수호하는 군인이 된 듯한 느낌을 받을 것이다.

박물관(4~10월)
날씨가 따뜻한 시기에는 각종 야외 행사가 개최되기도 한다. 유서 깊은 배경 속에서 펼쳐지는 야외 콘서트를 관람하고, 펜싱 경기, 고문 도구 전시, 사형 집행인 등을 볼 수 있는 중세 행사에도 참여할 수 있다.

리네크글로브니 구시가지 광장
Rynek Glowny

최고의 번화가이자 여행의 시작점인 리네크 글로브니 구시가지 광장이 있다. 크라쿠프 구시가지 중심에 있는 중세부터 그 모습이 남아있는 총면적 40,000㎢의 유럽 최대의 대형 광장이다.

13세기에 조성되었다다는 이곳은 유럽에 남아 있다는 중세 광장 중에서도 가장 넓은 곳으로 구 시청사탑, 가장 오래된 쇼핑센터인 직물회관 등 멋스러운 건물로 둘러싸여 있다. 노천카페와 박물관이 많아 만남의 광장으로도 사랑받고 있다. 광장 주변에는 상점, 레스토랑, 카페 등이 있으며 현지인과 관광객이 뒤엉켜 붐빈다.

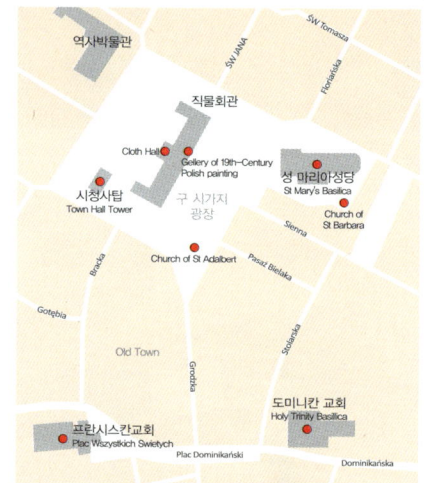

🌐 www.krakow-info.com ⌂ Center of Old Town

About 리네크 글로브니
광장은 그야말로 축제라도 벌인 듯 크라쿠프 시민들과 관광객이 하나처럼 움직이고 매일 신기한 퍼포먼스가 펼쳐지는 듯하다. 크라쿠프라는 도시 이름조차 제대로 몰랐던 내게 이처럼 활기찬 모습은 신선한 충격이었다. 말을 탄 복장을 사람이 봉으로 행인들이 머리를 두드리고 있었다. 크라쿠프의 전통으로 행운이 깃들게 하는 것이다. 13세기에 타타르족이 쳐들어왔을 때 시작된 것을 기념하여 거의 800년 동안 지켜온 풍습이라고 한다.

직물회관
Cloth Hall

광장 중앙에 서있는 르네상스 양식의 위엄 있
는 건물은 직물회관이다. 길이가 100m나 되고
크림색 외관이 장엄하고 화려하다. 14세기에 지
었으며 그 당시 의복이나 천을 교역하던 곳이
었다.

현재 1층의 중앙통로 양쪽에 목 공예품, 악세사
리, 자수 등을 판매하는 작은 상점이 빼곡이 늘
어서 있다. 2층은 국립 미술관으로 마테이코
Matejko, 로다코프스키Rodakowski 등 18~19세기의 폴란드 회화갤러리로 꾸며져 있다. 직물회
관 동쪽에는 폴란드 국민 시인인 아담 미츠키에비치Adam Mickiewicz의 동상이 서있다.

🌐 Rynek Glowny 1/3　　🏠 +48-12-422-1166

성 마리아 성당
St. Mart's Basilica / Kosciol Mariacki

중앙시장 광장에 인접한 성 마리아 성당은 1222년에 지은 고딕양식의 대형 건물로 스테인드글라스나 성당 내의 예술품이 아름답다. 특히, 국보로 지정된 비오트 스토우오시 성단은 꼭 한번 볼만한 가치가 있다. 12년의 세월동안 지었으며 유럽에서 2번째로 높은 목조 조각으로 되어있다. 홀 안에는 언제나 기도를 올리는 신자들로 가득하며 여름에는 결혼식을 하고 있는 경우도 많다.

14세기에 몽고군이 크라쿠프를 공격했을 때 적군의 습격을 알리는 나팔을 이 교회탑 위에서 불었다. 결국 나팔수는 몽고군이 쏜 화살에 목이 관통되어 죽음을 맞이했는데, 지금도 그 죽음을 애도하며 한 시간마다 탑에서 나팔을 불고 있다. 주변이 어둠에 휩싸이고 소음이 사라진 광장에서 듣는 나팔소리는 그대로 가슴에 스며든다.
사실 폴란드야말로 이방 종교로부터 로마 가톨릭을 지켜온 유럽 기독교의 보루였다. 그래서인지 성당 내부는 화려함과 예술미가 내가 본 성당 중 최고였다.

🏠 광장 북동쪽 모서리

특히 국보로도 지정된 높이 3m의 대 제단은 1477년 독일 뉘른베르크에서 온 천재 조각가 '바이트 스토스'의 작품으로 12년에 걸쳐 완성되었다. 유럽 후기 고딕 양식의 최고 걸작으로 인정받고 있다. 러시아의 사회주의 체제아래에도 더욱 신앙생활을 강조했다는 폴란드, 오늘날까지도 성 마리아 성당은 마음속의 의지하는 듯하다.

고딕 양식의 성 마리아 성당은 성모 마리아의 생애를 그리고 있는 제단화로 유명하다. 매 시간 정각마다 성 마리아 성당 꼭대기에서 울려 퍼지는 트럼펫 소리를 따라 크라쿠프의 시장 관장을 거쳐 성당으로 향해 보자. 성당을 둘러싸고 수많은 전설이 전해져 내려온다. 나무로 된 제단화의 정교하게 조각된 장면을 보고, 탑 위에 올라 도시의 전경을 둘러보자.

성당은 14세기에 처음 완공되었다가 15세기에 탑이 추가로 건축되었다. 성당은 주 시장 광장을 굽어보며 서 있다. 높이가 80m에 달하는 성당은 크라쿠프의 스카이라인을 장식하는 중요한 건물이다. 광장을 중심으로 크라쿠프의 관광지를 대부분 찾아갈 수 있다.

내부
깊은 푸른빛과 붉은빛의 성당 벽, 별들이 반짝이는 광활한 천장, 아름다운 스테인드글라스 창이 방문객의 눈길을 끈다. 성당의 자랑거리인 제단화에는 200명이 넘는 인물들이 조각되어 있다. 알록달록한 색채가 아름다운 15세기 제단화는 목 조각가 '바이트 슈토스'에 의해 12년이 넘는 세월 동안 제작되었다. 지금도 유럽에서 가장 아름다운 제단화로 손꼽힌다.

탑과 트럼펫
정각이 되면 탑 꼭대기에서 울려 퍼지는 트럼펫 소리에 귀 기울여 보자. 아름다운 소리가 갑자기 끊기는 것을 들을 수 있다. 끊기는 이유는 13세기 몽골의 침입을 알리기 위해 트럼펫을 불다 중간에 목에 화살을 맞고 목숨을 잃은 경계병을 기리고 있다.
탑에서는 탑 건설에 참여한 노동자가 자신의 형제를 죽이고 스스로 목숨을 끊는 데 사용한 칼을 볼 수 있다. 239개의 계단을 올라 탑 꼭대기에 서면 도시의 전경이 펼쳐진다.

성당의 나팔소리

관광객들이 한 곳을 주시했다. 잠시 후 성당 첨탑의 창문이 열리더니 나팔소리가 들리는 듯 했다. 그런데 인기가 대단하다. 나팔수를 만나려면 첨탑을 올라야하는데 불가능하다. 가파른 계단을 올라가자 나팔수를 관광객이 기다리고 있다. 이 탑의 나팔수는 매 정시마다 먼저 종소리로 시간을 알리고 그 다음 사방으로 돌아가면서 나팔을 분다.

나팔수에 얽힌 이야기가 있다. 외적의 침입에 대비해서 보초를 서는 제도가 있었다. 13세기에 타타르족이 쳐들어 왔을 때 이 탑을 지키던 나팔수가 그 사실을 알리다가 목에 화살을 맞아 전사했다. 그때부터 그 병사를 기리기 위해 나팔을 불고 있다. 화살을 맞고 전사한 나팔수를 기리기 위해 그때 끊긴 멜로디 그대로 부른다고 하니 외세의 침입을 받았던 과거를 폴란드 인들이 그토록 기억하려고 한다는 사실이 놀랍다. 지금의 것은 15세기에 완성한 것이고 13새기에는 이보다 낮았다고 한다.

아담 미츠키에비치 동상
Adam Mickiewicz

직물회관Cloth Hall 앞에 사람들이 앉아 있는 동상이 폴란드의 유명한 낭만시인인 아담 미츠키에비치Adam Mickiewicz 동상이다. 폴란드에는 그의 동상이 곳곳에 남아 있는 데 대표적인 동상은 바르샤바의 올드 타운Old Town, 포즈난에 있는 동상이다.

구 시청사 탑
Town Hall Tower

1820년 구 시청사 건물이 파괴되었는데, 그 때 이 탑만 남았다. 탑 위에는 직경 3m나 되는 큰 시계와 독수리상이 자리 잡고 있다. 꼭대기까지 올라가면 크라쿠프 시내의 경치를 즐길 수 있다.

🌐 www.mhk.pl
🏠 Rynek Glowny
📞 +48-12-619-2318

아담 베르나르트 미츠키에비치(Adam Bernard Mickiewicz)

폴란드의 낭만주의 시인이자 극작가로 폴란드에서 지그문트 크라신스키, 율리우시 스워바츠키 등과 함께 가장 위대한 시인으로 꼽힌다.

미츠키에비치는 현재의 벨라루스인 노보그루데크^{Nowogródek} 근처에서 태어났다. 그의 아버지 미코와이 미츠키에비치는 폴란드-리투아니아 연방의 귀족이었는데, 당시 폴란드-리투아니아 연방은 1795년의 마지막 분할로 지도상에서 사라진 후였고 미츠키에비치가 태어난 곳은 러시아 제국의 지배를 받고 있었다. 미츠키에비치는 빌뉴스 대학교에서 공부했는데 거기서 폴란드-리투아니아 연방의 부흥을 목적으로 하는 비밀 학생 조직에 관여하였다.

1819년부터 리투아니아, 카우나스의 학교에서 교사로 일하다가 정치적 활동으로 인해 1823년 체포되어 반소정치운동을 한 죄로 러시아로 추방되었다. 이미 빌뉴스에서 시집 두 권을 출판하여 슬라브어를 구사하는 대중의 호응을 받았던 바가 있어 미츠키에비치는 1824년 상트페테르부르크에 도착했을 때 그 곳 문학 사회의 환영을 받았다. 1825년에는 크림 반도 여행을 하여 그에 대한 소네트 몇 편을 썼다.

러시아에서 5년간 유배 생활 후 여행 허가를 받은 미츠키에비치는 러시아로 돌아가지 않기로 결심하고 바이마르로 떠나 괴테를 만났다. 이후 이탈리아의 로마에 정착하여 작품 활동을 계속하였다. 그의 대표작인 '판 타데우시^{Pan Tadeusz}'은 이때 쓴 작품이다. 크림 전쟁 때에는 러시아 제국군에 대항한 폴란드인 연대를 소집하려 노력하기 위해 콘스탄티노폴리스에 갔으나 거기서 콜레라로 돌연 사망하였다.

최고 걸작은 〈선조들의 밤〉이라는 시극으로서 2부・4부가 먼저 나오고(1823), 3부가 10년 뒤에 나왔으나 1부는 완성을 보지 못하고 죽었다. 이 작품은 이교도의 조상숭배 의식을 바탕으로 한 작품인데 각 부가 일관된 이야기가 아니고, 다만 3부는 그의 투옥과 추방의 경험을 젊은 시인을 빌려 표현했다.

차르토리스키 박물관
Museum Czarytoryiskich

18세기 차르토라스카 가문이 설립한 이 박물관은 17세기 이후 폴란드의 회화, 조각뿐만 아니라 동 서양의 수준 높은 유물을 전시하고 있다. 이집트의 미이라도 전시되어 있는데 작은 규모의 박물관이지만 수집가의 감각, 폴란드 부유층의 역량을 말해주는 듯하다. 한 가문이 설립한 이 박물관의 놀라움은 몇 가지 소장품을 보며 배가 된다.
레오나르도 다빈치의 '담비를 안은 여인' 작품(1483~1490), 램브란트의 '착한 사마리안이 있는 풍경' 1638년 작품, 명품을 보기 위해 많은 여행객들이 크라쿠프를 찾고 있다.

🌐 www.museum-czarytoryiskich.krakow.pl
🏠 Ul. Sw.Jana 19
🕙 10~18시(토, 일요일은 16시 / 월요일 휴무)
💲 13zł (일요일 무료)   📞 +48-12-422-5566

울리카 카노니차 거리
Ulica Kanonicza Street

그림 같은 크라쿠프의 유명한 거리로 왕의 길^{Royal Road}의 마지막 부분이자 가장 영광스러운 거리로 알려져 있다.

카노니차 거리는 리네크 글로브니^{Rynek Glowny} 구시가지 광장에서 플로리안 문^{Florian Gate}을 지나 바벨 귀족 성^{Wawel Royal Castle}에서 끝이 난다.

2차 세계대전 이후 사람들의 기억에서 사라져갔다가 요한 바오로 2세가 성 피터와 폴 교회^{St. Peter and St. Paul Church}에서 있었다는 사실이 알려지면서 방문객이 급증하면서 울리카 카노니차 거리가 살아났다.

울리카 카노니차 거리의 역사

14세기까지 거리에는 고귀한 저택이 줄 지어있었다. 그 후, 크라쿠프 대저택과 고위 성직자의 궁전 같은 거주지가 자리를 잡았다. 지금도 몇몇 건물은 여전히 교회에 속해 있다.

카노니차(Kanonicza) 거리는 대부분 관광객에게 강한 인상을 심어주는 르네상스의 아름다운 거리를 보존하고 있다. 위풍당당한 르네상스 양식의 주택이 줄 지어 서있어 유럽 최고의 거리 중 하나이다. 이어진 그로드카(Grodzka) 거리에서 1090년 경, 세인트 앤드류(St. Andrew) 교회의 그랜드 로마네스크 양식 교회 옆에 있는 인상적인 바로크 양식의 예수회 성 베드로 성당과 1619년에 지어진 성 바울(St. Paul) 성당의 흰색 외관이 인상적이다.

대교구 박물관
Archdiocesen Museum

작은 박물관이지만 요한 교황 바오로 2세의 사진과 생전 영상 등을 전시하여 방문객이 꾸준하다.
생전 유품과 그가 입었던 옷까지 상세히 전시되어 서양인과 폴란드 사람들의 방문이 특히 많다.

🏠 Ul. Kanonicza 19/21
🕐 10~18시(토, 일요일 16시까지)
🎫 12z+ (학생 5z+)
📞 +48-12-421-8963

성 피터와 폴 교회
St. Peter and St. Paul Church

크라쿠프 최초로 만들어진 바로크 양식의 교회로 라틴십자가 형태로 설계되었고 뒤로는 커다란 돔이 있다. 성당 정면에 12사도 조각상이 있다.

매일 교회 앞에서 다양한 버스킹이 행해져 사람들을 끌어 모으기 때문에 쉽게 찾을 수도 있을 것이다.

🌐 www.apostolowie.pl

🏠 Grodzka 31–044

도미니칸 교회
Dominikanow Church

13세기에 건축된 오래된 교회이지만 1850년 대화재 때 대부분이 파괴되었으나 현재의 모습으로 복구되었다. 입구의 빨간 벽돌로 쌓아올린 삼각형 모양으로 된 모습이 인상적이다.

🌐 www.krakow.dominikarie.pl
🏠 Stolarska 1231-043

프란시스칸 교회
Franciszkanow Church

13세기부터 건축이 시작되어 몇 차례의 화재로 완공이 늦어지다가 1850년의 대화재를 마지막으로 재건축되어 지금까지 이어오고 있다. 성당 내부는 재건축 때 비스피안스키 Stanislaw Wyapianski에 의해 아르누보 스타일로 스테인드글라스를 만들어 유명하게 되었다.

🌐 www.franciszkanska.pl   🏠 pl. Wszystkich Swietych 5 31-004   📞 +48-12-422-5376

바벨 성
Wawel Royal Castle

크라쿠프의 오래된 골목을 나오면 11세기 중반부터 17세기 중반까지 왕의 거처로 사용된 바벨 성Wawel Castle을 만날 수 있다. 성 안의 바벨 대성당은 누구라도 장대한 성과 성당의 아름다움에 넋을 잃게 만든다. 로마네스크, 고딕, 르네상스, 바로크 등 다양한 양식의 건축물들이 겹겹이 이어져 내려오는 모습이 압도적이다. 성당 내부에 전시된 왕들의 유물과 예술품을 둘러보느라 시간 가는 줄 모를 정도로 외형만큼 화려하고 아름답다.

크라쿠프의 남쪽 끝 폴란드의 젓줄인 비스와 강을 내려다보고 있는 바벨성은 폴란드의 찬란한 역사를 상징하는 왕궁이다. 바벨 성으로 올라가는 길에 흥겨운 음악소리가 들린다. 성당 내의 여러 예배당 중 가장 아름다운 예배당은 지그문트Zygmuntowska 예배당으로 폴란드는 지그문트Zygmuntowska 1세 때 폴란드어 문학, 건축, 과학의 꽃을 피워 문화 황금기를 구가했다. 황금빛 금으로 도배된 지그문트Zygmuntowska 예배당은 지그문트Zygmuntowska 왕이 이탈리아 건축가를 초청해 만들었다고 한다.

지그문트Zygmuntowska 탑에는 폴란드 최대의 종이 있다는데 종을 보기 위해서는 탑의 꼭대기로 올라가야 한다. 둘레가 8m 종을 받치는 받침대는 전혀 못을 사용하지 않고 만들었다. 여행자는 하나같이 종에 손을 대고 사진을 찍는다. 이 종이 행운을 가져온다는 이유에서다.

바벨성 지도

고고학박물관
Archaeological
Museum

올드타운
OLD TOWN

Planty

Ctarch of SS
Peter & Paul

Plac św Marii
Magdaleny

세인트엔드류 교회
Church of
St Andrew

웨스턴 크라쿠프
"ESTERN KRAKÓW

Archdiocesan
Museum

Bishop Erazm
Ciotek Palace

바벨성당
Wawel Cathedral

Ceown Treasury
& Armoury

성당박물관
WawelCathedral Museum

구왕국
Wawel Royal Castle

개인아파트
Royel Private Apartments

캐슬룸
State Rooms

바벨 언덕
Wawel Hill

로스트바벨
Lost Wawel

릭 동굴
on's Den

방문자센터
Wawel Visitor Center

카리미에라즈
KAZIMIERZ

성문 옆에는 18세기 말 3국 분할에 대해 반란을 일으킨 폴란드의 영웅 타데우시 코시추시코의 상이 서 있다. 이 상을 누군가 가지고 가서 없어졌다가 1976년에 재건하였다.

바벨 성으로 가는 2가지 방법

1. 하나는 중앙시장 광장에서 이어지는 그로즈카^{Grodzka}거리에서 교차로를 건너 비탈길을 올라가기
2. 그로즈카 거리와 평행으로 한 블록 서쪽에 있는 카노니차^{Kanonicza}거리를 따라 올라가기

바벨(Wawel) 성의 의미

바벨 성은 역대 폴란드 왕의 주거지로 유명한 바벨(Wawel) 성은 폴란드인들에게 정신적 지주 같은 역할을 하는 사당 같은 곳이다. 10세기 이후부터 건축이 시작되어 16세기에나 지금의 모습을 갖추었다는 바벨성은 500여 년 동안 폴란드 왕들이 살았던 궁전과 폴란드 왕들의 대관식과 장례가 치러졌다는 바벨 대성당이 있다. 역대 폴란드 왕과 왕비, 영웅들이 묻혀 있는데 전 교황 요한 바오로 2세가 젊은 시절 사제로 있었다고 한다.

아름다운 바벨 성 사진 찍기

구시가지의 남쪽 외곽, 'ㄴ'자로 꺾어져 흐르는 비스와 강가에 있는데, 정확히 각이 지는 부분에 바벨 성이 우뚝 서 있다.

바벨 성 둘러보기

크라코프에서 가장 큰 성을 방문하여 폴란드 왕들의 대관식 검과 화려한 왕족 거주 구역을 둘러보고, 르네상스 시대 회화와 지하 동굴을 감상하게 된다. 바벨 성의 침실과 접견실, 플랑드르 태피스트리와 루벤스의 회화 작품도 볼 수 있다. 보고에는 갑옷과 왕실 장신구가 전시되어 있다.

성의 부지에서 발굴된 전시물을 보며 성의 과거에 대해 직접 확인할 수 있고, 과거에 용이 살았다는 전설을 가진 동굴과 왕실 정원을 산책할 수 있다. 바벨 언덕에는 14세기에 최초로 성이 지어졌지만, 오늘날의 성은 지기스문트 왕에 의해 16세기에 지어진 것이다. 지그문트 왕은 이탈리아와 유럽 전역에서 최고의 조각가와 건축가와 장인들을 불러 모아 세련된 르네상스 양식 성을 건립하였다. 비스와 강을 굽어보며 서 있는 바벨 성은 오늘날 크라코프에서 가장 뛰어난 광경을 선사하는 랜드마크가 되었다.

폴란드 왕들이 대관식에 사용하는 검, 갑옷과 왕실 장신구가 전시되어 있다. 꼭대기 층에 있는 왕의 주거 공간에서는 수많은 왕실 보물을 볼 수 있다. 루벤스를 비롯한 르네상스 화가들의 작품과, 과거 왕족들이 사용한 가구, 왕족들의 인물화를 보고 헨스풋 탑에 오르면 크라코프의 전경이 내려다보인다. '잃어버린 바벨' 전시에서는 10세기까지 거슬러 올라가는 각종 고고학적 전시물을 감상할 수 있다. 성 내부로 들어가면 역대 왕들의 정교한 무덤을 볼 수 있다. 성 밑에 자리 잡고 있는 미로 같은 동굴인 '드래곤스 댄'도 지나치지 말자. 정기적으로 거대한 불을 내뿜는 거대한 청동 용상이 입구를 지키고 있다.

바벨 성당
Wawel Cathderal

성문을 지나면 바로 왼쪽에 3곳의 예배당이 있는 대성당이 보인다. 1320년에 고딕양식으로 착공하여 수세기에 걸쳐 르네상스 양식과 바로크 양식이 더해져 건설한 것으로 바르샤바 천도 후에도 18세기까지 왕의 대관식을 이것에서 거행하였다. 외관에서 인상적인 것은 광장을 접한 남쪽에 있는 금색 돔인 지그문트 차펠Kaplica Zygmuntowska로 폴란드에 있는 르네상스 건축 중 걸작으로 일컬어지고 있다.

1519~1533년에 지그문트 왕의 요청으로 이탈리아에서 초청한 건축가가 건설하였다. 북쪽의 지그문트 탑Wieza Zygmuntowska에는 폴란드 최대의 종이 있다. 이 종은 1520년에 주조했으며 종교 및 국가의 특별한 행사에만 울린다. 둘레가 8m인 종을 지탱하는 종대는 못을 전혀 사용하지 않고 나무만으로 조립한 것이다. 종은 탑의 맨 위층에 있으며 이곳에서의 전망 또한 각별하다. 대성당 지하에 있는 묘소에는 역대 왕과 영웅들이 잠들어 있다.

1364년에 건립된 로마 가톨릭 성당인 바벨성당은 폴란드에서 가장 중요하게 여기는 종교 건물이다. 폴란드인들이 가장 성스럽게 여기는 성당을 방문하여 종교 작품이 가득한 예배당과 폴란드 역대 통치자들의 정교한 무덤, 600년 된 거대한 종을 볼 수 있다. 수많은 역대 폴란드 왕들의 대관식이 거행되었던 성당에는 45명의 역대 폴란드 왕들 중 4명을 제외한 무덤이 있다.

내부 모습
바벨성당의 지그문트 예배당 꼭대기의 황금빛 돔 천장이 인상적이다. 회화와 조각과 치장

벽토는 유럽에서도 손에 꼽히는 르네상스 예술 작품이다. 성당의 다른 예배당에는 폴란드 역대 왕들의 정교한 무덤이 있고, 종탑에 오르면 유명한 지그문트 종을 볼 수 있다. 1520년에 제작된 지그문트 종은 국가의 중요한 축일에만 울린다. 종탑에 올라가면 종소리를 들을 수는 없어도, 원한다면 손을 뻗어 만져볼 수 있다.

입구에 들어서면 블라디슬라브 2세의 붉은 대리석 석관이 눈길을 끌고, 흰색 대리석과 사암, 각종 보석으로 제작된 다른 무덤도 볼 수 있다. 예배당 중앙 제단의 흑색 대리석 아래에 모셔져 있는 성 스타니슬라오의 은색 무덤과 무덤을 둘러싸고 있는 벽은 성인의 삶과 사후 기적을 그리고 있는 부조로 장식되어 있다. 바로크, 고딕, 르네상스 시대의 예술 작품이 전시된 예배당을 돌아보며 감상할 수 있다. 성 십자 예배당에는 15세기의 스테인드글라스 창과 러시아 벽화가 보존되어 있다. 지그문트 예배당에서 게오르그 펜츠, 산티 구치, 헤르만 피셔 등 르네상스 시대 거장들의 예술 작품을 볼 수 있다.

바벨 성구 왕궁 (Wawel Royal Castle)

대성당을 따라 안쪽으로 들어가면 구왕궁 입구가 나온다. 주위를 둘러싼 건물은 16세기 초에 지그문트 왕이 건설한 고딕과 르네상스의 복합양식이다. 현재 내부는 박물관으로 사용하고 있으며 몇 가지 전시로 나뉘어 있다.

왕궁의 전시에서는 16~17세기 무렵을 재현한 호화로운 방과 왕가의 초상화 등을 관람할 수 있다. 그 중에서도 1320년부터 폴란드 왕의 대관식에 사용했던 '슈체르비취(Szczerbiec)'라는 검과 지그문트 아우구스트 왕이 수집한 16세기 플랑드르산 타피스트리는 꼭 볼만하다.

그 외에 왕족의 개인실, 보물, 무기박물관, 오리엔탈 아트 등의 전시를 한다. 입구로 돌아가 동쪽에는 10세기 바벨성의 유구(Wawel Zaginioy)가 있다.

쉰들러 공장
Oskar Schindler's Enamel Factory

크라쿠프는 제2차 세계대전 당시 20세기 인류 최대의 잔혹사, 홀로코스트를 겪은 곳이기도 하다. 영화 쉰들러리스트의 배경이 되었던 쉰들러 공장은 1939년 독일 기업가인 '오스카 쉰들러'가 처형당할 위기에 처한 1,200여명의 유대인을 자신의 공장 근로자로 채용해 목숨을 구해준 곳이다.

영화 '쉰들러 리스트'의 배경이 되기도 했다. 쉰들러가 실제로 사용했고 영화를 촬영한 쉰들러의 방은 썰렁했지만 세계 곳곳에서 다녀간 여행객의 흔적이 남아 있다. 이 곳 방에서 어떤 생각을 했을까? 1, 200명의 생명을 구한 인간애의 흔적을 보고 싶다. 검물 곳곳에는 유대 마크인 별 모양이 새겨져 있다.

🌐 www.mhk.pl   🏠 ul.Lipowa 4, 크라쿠프의 산업 지구 자블로시에 위치, 구시가 남동쪽으로 3km
🕐 매월 첫째 주 월요일 휴관   📞 +48-12-257-1017

About 쉰들러 공장

라쿠프 중심지에 위치한 오스카 쉰들러 공장은 홀로코스트 당시 유대인들의 역경에 대해 이야기하고 있는 박물관이다. 나치의 선전을 포고하고 있는 라디오를 들으며 전쟁 당시 크라쿠프의 오스카 쉰들러의 공장에서 일하던 유대인 노동자를 생각해 볼 수 있다. 각종 편지와 일기문, 일상생활을 재현해 놓은 각종 장면과 여러 사진을 통해 폴란드에 살고 있던 유대인들의 생생한 생활상을 경험할 수 있다.

오스카 쉰들러 공장은 2010년 6월에 박물관으로 재탄생했다. 공장은 오스카 수상에 빛나는 스티븐 스필버그 감독의 영화 '쉰들러 리스트'로 유명해졌다.

사업가 오스카 쉰들러는 제2차 세계대전 당시 이곳에서 법랑 제품 사업을 운영했다. 사업을 통해 재산을 축적한 쉰들러는 1,200명이 넘는 유대인들을 고용해 이들의 목숨을 구할 수 있었다. 박물관은 나치 점령 하의 크라쿠프의 생활상을 보존하고 있다.

둘러보기

안내판을 따라 여러 전시를 둘러보면 미용실과 거주 구역, 유대인 일가들이 종종 피난처로 삼아야 했던 비좁은 공간도 볼 수 있다. 각종 재현 장면, 사진과 생생한 묘사를 통해 공장에서의 삶과 노동자들의 생활상을 상상하게 된다. 법랑 제품으로 가득한 대형 유리 캐비닛과 책상이 놓인 쉰들러의 사무실도 볼 수 있다. 대규모 스크린 실에는 기록 영상과 다큐를 관람할 수 있다. 공장의 여러 구역과 물건은 영화에 등장하기도 했다.

용의 동굴
Cuevas Drach

바벨 성 밑은 용이 살았다는 전설의 동굴과 연결되어 있다. 나선형 계단을 따라 내려가는 데, 현기증이 날 때쯤 용의 동굴이 모습을 드러낸다. 동굴은 2,500만 년 전에 형성되었지만, 16세기가 되어서야 발견되었다. 발견된 이후 창고, 사창가, 주거지로 사용되었다. 크라쿠프 언덕 위의 바벨 성 밑에 '드래곤스 댄Dragon Daen'이 있다. 으스스한 석회석 기암으로 둘러싸인 길은 흐릿한 불빛이 비추고 길을 따라 몸을 낮추고 걸어가야 한다.

바벨 성 밑의 지하 동굴은 전설에 따르면 과거 창고와 사창가로 사용된 이곳에 무시무시한 용이 살았다고 한다.
동굴의 길이는 250m가 넘지만, 관광객은 안전상의 이유로 80m까지만 둘러볼 수 있다. '도둑들의 탑'이라고 알려진 오래된 벽돌 우물 안의 135개의 계단을 따라 내려갈 수 있다. 우물은 1830년대에 만들어졌는데, 내부로 들어가면 '드래곤스 댄Dragon Daen'을 이루고 있는 3개의 방 중 하나가 나온다.

길을 따라 가면 가장 큰 방이기도 한 2번째 방이 나온다. 고개를 들면 동굴이 창고로 사용되던 시기에 만들어진 돔 모양 천장을 볼 수 있다. 흐릿한 조명과 석회석 기암의 흡사 조각과도 같은 모양이 빚어내어 흔들거리는 그림자로 인해 오싹한 분위기를 느낄 수 있다. 마지막 방에서는 암석 돌기와 오래된 벽돌 굴뚝을 볼 수 있다.
땅 위로 돌아오면 거대한 용 청동상을 볼 수 있다. 용 동상은 무섭다기보다 귀엽다는 생각이 든다. 5분 간격으로 용의 입에서 불꽃이 뿜어져 나오는 것을 볼 수 있다. 기다렸다가 불이 나올 때에 사진을 찍는 관광객의 모습을 볼 수 있다.
드래곤스 댄은 크라쿠프 중심지 남쪽에 위치한 바벨 성에 자리 잡고 있다. 구시가에서는 걸어서 갈 수 있다. 4월에서 11월까지 매일 문을 연다. 소액의 입장료가 있다. 동굴 입구에 있는 기계에서 입장권을 구입해야 한다.

용의 전설
16세기에 발견된 이후 수많은 전설이 탄생하였다. 과거에 살았다는 바벨, 용의 전설이 가장 유명하다. 옛날 바벨 언덕 밑에 매주 가축을 바쳐야 하는 용이 살고 있었다. 왕은 용을 해치우는 자를 공주와 결혼시켜 주겠다고 선포했다.
비천한 신분의 구두 수선공이 유황으로 속을 채운 양을 먹도록 용을 유인하여 죽였다. 구두 수선공은 왕의 딸과 결혼하게 되었고, 후에 왕이 된 수선공은 성을 세우고, 그 성을 중심으로 크라쿠프 도시가 성장했다. 그 용감한 청년의 이름 '크락(Krak)'에서 크라쿠프의 지명이 유래되었다고 한다.

🏠 ul.Jagiellonska 15   📞 +48-12-422-0549

야기엘론스키 대학
Uniwersytet Jagielloński

중앙 시장 광장 서쪽에는 식민지시절 폴란드 만족 운동의 구심점이자 학문의 중심인 야기엘론스키 대학이 있다. 1364년에 세워졌으며 유럽에서 2번째로 오랜 역사를 지닌 대학이다. 독일 과테의 소설의 인물인 파우스트 박사가 이곳에서 연구를 했다고 전해진다.
1548년 유명한 지동설을 발표했던 니콜라스 코페르니쿠스(1473~1543)가 이 대학출신이다. 천문학, 수학, 지리학에서 세계 최고 수준의 대학인 야기엘론스키 대학은 지금도 폴란드 최고 명문대학으로 명문을 이어오고 있다.

가장 오래된 건물은 콜레기움 마이우스로 대학교에서 가장 오래된 간물로 코페르니쿠스가 연구했던 곳이다. 야기엘론스키 대학을 졸업한 폴란드 출신 천문학자로 1543년 '천채의 회전에 대하여'라는 책을 통해 '지동설'을 발표했다.

카지미에라즈
Kazimierz

음산한 분위기의 2차 세계대전의 흔적을 고스란히 간직하고 있는 곳이다. 2차 세계대전이 발발하고 나치들은 카지미에라즈^{Kazimierz}로 모이도록 했다. 그 이후에 아우슈비츠 수용소로 옮겨졌다. 바벨 성 남동쪽으로 조금 내려간 곳에 있는 이 지역은 1820년대까지 독립적인 하나의 마을이었다.

15세기, 크라쿠프에서 쫓겨난 유대인들은 이 좁은 카지미에라즈^{Kazimierz} 구역에 정착해, 방대한 기독교 주민지역과 담으로 분리되었다. 이 유대인 구역은 유럽 전역에서 박해를 피해 모여든 다른 유대인들과 합쳐져 2차 세계 대전 때는 7만 명의 유대인들이 거주하게 되었다고 한다.

스티븐 스필버그의 영화 '쉰들러 리스트'에서 전쟁 당시 나치 독일은 유대인들을 포조제^{Podgorze}게토에 강제 이주시켜 인근 플라조프^{Plaszow} 수용소에서 죽였다. 현재 크라쿠프의 유대인 수는 백여 명으로 추산된다.

유대인 구역에는 기적적으로 남은 유대회당이 여기저기 있고, 이들 중 가장 중요한 곳은 폴란드에서 가장 오래된 유대인 건물인 15세기말 지어진 구 시나고그^{Old Synagogue}로 오늘날 유대인 박물관으로 사용되고 있다.

🌐 www.polin.pl　🏠 Szeroka 24　📞 +48-513-875-814

🌐 www.polin.pl 🏠 Szeroka 24, 크라쿠프 남동쪽의 유대인 마을 카지미에에르즈 지구
🕐 휴관 매주 토요일 / 유대인 명절 📞 +48-513-875-814

신 유대인 묘지
Remuh Synagoga

크라쿠프 유일의 유대인 공동묘지를 방문하면 제 2차 세계대전 당시 목숨을 잃은 유대인
들의 모습을 볼 수 있다. 신 유대인 묘지에는 10,000개가 넘는 묘비가 서 있다. 1,800년에
세워진 이후 유명한 랍비, 예술가, 정치가들이 영면하는 장소가 되어 왔다. 여러 묘비를 둘
러보며 홀로코스트로 목숨을 잃은 유대인들에게 헌정된 기념비를 찾을 수 있다.

유대인 공동묘지의 면적은 4.5ha에 달한다. 지난 200년간 크라쿠프에는 유명한 유대인들
이 정착하여 거주하였고, 이들 중 대부분이 이곳에 묻혔다. 랍비이자 의원이던 '오스자스
손Ousjas Son'의 이름이 새겨진 묘비와 낭만주의 화가 '모리시 고트리브Moris Gotriv'도 있다. 여
름철에는 덩굴과 나뭇잎으로 무성한 나무들을 볼 수 있고, 겨울철에는 눈에 뒤덮인 장엄한
분위기를 만끽할 수 있다.
정문으로 이동하면 홀로코스트로 목숨을 잃은 이들을 기리는 거대한 기념비가 보인다. 묘
지 어디에서나 제 2차 세계대전 당시 목숨을 잃은 사람들에게 바쳐진 묘비를 볼 수 있다.

오래되어 조금씩 부서지고 있는 묘비 사이의 좁은 길을 따라 거닐면 제 2차 세계대전 당시
독일군에 의해 묘지의 대부분이 훼손되었기 때문에 현대적인 양식의 묘비가 대부분인 것
을 볼 수 있다. 군인들은 도로를 까는 데 묘비 석을 사용하였고, 귀중품도 다수 팔아 버렸
다. 묘비는 1957년에 이르러서야 복원되었다. 묘지를 둘러싸고 있는 벽을 관찰하면 부서진
묘비 석 조각들이 시멘트를 사용해 복구된 것을 볼 수 있다.
주의사항은 머리에 쓸 것을 착용해야 입장이 가능하다. 모자를 가져오거나 입구에서 종이
모자를 챙겨서 입장해야 한다.

크라쿠프의
대표적인 공원 Best 2

요르단 공원(Jordan Park)

크라쿠프에서 가장 오래된 공원에서 피트니스 트레일 위에서 달리기나 패들보트를 타고 뱃놀이를 즐기는 모습도 볼 수 있다. 자전거를 타고 요르단 공원의 수많은 길을 따라 달리면서 만개한 꽃으로 가득한 화단과 시끌벅적한 축구경기, 산책을 즐기는 가족들과 운동 기구에서 열심히 운동을 하는 사람들과 호숫가에 앉아 뱃놀이에 한창인 사람들을 볼 수 있다. 겨울에는 스케이트 램프에서 중력을 거슬러 묘기를 펼치는 신기한 장면이 인상적이다.

요르단 공원은 1889년에 의사이자 사회 개혁가이자 독지가였던 헨리크 요르단에 의해 세워졌다. 요르단은 어린이들의 성장에 신체 운동이 교육만큼 중요하다는 이론을 설파하기 위해 공원을 계획했다. 요르단 공원은 폴란드에 최초로 세워진 공립 공원이자 유럽 최초의 공립 공원이다. 제 2차 세계대전 당시 많은 부분이 파괴되었지만, 다시 과거의 영광을 되찾았다. 21 ha에 달하는 녹지는 각종 경기장과 주민들과 방문객들이 활동을 즐길 수 있는 공간으로 꾸며져 있다.

친절하게 다가가 주민들에게 합류해도 되는지 물어 보면 웃으면서 받아줄 것이다. 축구와 럭비, 프리스비를 즐기는 주민들을 곳곳에서 볼 수 있다. 예약을 하면 인근의 테니스 코트에서 테니스도 칠 수 있다.

만개한 꽃으로 가득한 화단과 백 년 된 느릅나무와 라임나무, 정성껏 가꾸어진 풀밭을 보면서 산책로를 거닐다 보면 폴란드의 역사적인 인물들의 흉상을 볼 수 있다. 아이들과 함께 36개의 흉상을 모두 찾아가는 장면을 보면 폴란드가 얼마나 역사교육에 관심을 가지는지 알 수 있다.

주소_ Aleja 3 Maja,Krakow

플란티 공원(Planty Park)

플란티 공원Planty Park은 크라쿠프 구시가를 둥그렇게 둘러싸고 있다. 공원을 구성하고 있는 30개의 정원에는 분수대와 조각상, 각양각색의 화단과 정성껏 가꾸어진 밭도 볼 수 있다. 고요한 공원은 구시가의 유명 관광지를 모두 둘러보고, 곳곳에 놓여 있는 벤치에 앉아 대학 건물의 붉은 벽돌 파사드를 감상하거나 도미니코 수도원 정원을 구경하는 것도 좋다.

21ha규모의 플란티 정원Planty Park은 크라쿠프 구시가 외곽을 4㎞ 길이로 둥그렇게 둘러싸고 있다. 공원은 폐허가 된 구시가의 성벽을 대체하기 위해 1822년부터 1930년까지 조성되었다. 오늘날에는 독특한 양식의 정원 30개가 산책로에 의해 이어져 있다. 구시가의 여러 명소를 방문하다 공원에 들러 잠시 휴식을 취하고 시간을 내 공원을 산책하는 것도 좋다. 플란티 공원Planty Park 곳곳에서 볼 수 있는 카페와 레스토랑, 바에서 식사나 음료를 즐기거나 도시락을 준비해 오는 것도 좋다. 날씨가 따뜻한 때에는 널찍한 풀밭 위에 누워 피크닉을 즐기는 시민들을 볼 수 있다.

성 앞의 바벨 정원에서 공원 탐험을 시작하자. 벽돌로 된 신 고딕양식의 신학대학이 눈길을 끈다. 정원 사이를 거닐며 각종 분수대와 기념비, 조각상과 화단을 둘러보면서 휴식을 즐기자. 겨울철을 제외하면 연중 꽃들이 만개할 수 있도록 신중을 기해 심어진 식물들이 보인다. 우아한 수양버들과 연철 다리가 가로지르는 연못이 이루는 멋진 풍경도 볼만 하다.

크라쿠프의
박물관 Best 3

폴란드 국립박물관(National Museum)

폴란드 국립박물관에는 다양한 예술 작품과 유서 깊은 유물을 볼 수 있다. 1879년에 설립된 국립박물관은 성장을 거듭한 결과 현재 78만 점에 이르는 전시품과 예술 작품을 소장하게 되었다. 꼭대기 층의 여러 전시실에는 20세기의 폴란드 예술 작품이 전시되어 있다.

러그와 자기, 크라쿠프의 여러 교회의 스테인드글라스 등 600년에 걸친 장식 예술을 볼 수 있다. 무기와 갑옷, 정복 등 오래된 군사 용품을 보면 10세기까지 거슬러 올라가는 전시물도 확인할 수 있다.

대부분의 관람을 하는 관광객은 다빈치의 그림인 흰 족제비를 안은 여인Lady with an Ermine을 보러 온 것이다. 차르토리스키 미술관의 리모델링 공사로 국립박물관으로 옮겨졌다. 특별 전시 티켓을 구입해야 그림을 볼 수 있다. 비교적 여유롭게 그림을 볼 수 있어 무료보다 좋다는 생각이 들게 될 것이다.

관람 순서
꼭대기 층에서 20세기 폴란드 예술가들의 작품을 둘러보며 관람을 시작하자. 올가 보즈난스카의 '국화와 소녀', 야체크 말체프스키의 '자화상' 등 500여명에 이르는 폴란드 화가들의 작품이 전시되어 있다.

장식 예술
전시에는 12세기 이후부터 폴란드의 가정집을 장식해 온 다양한 품목을 볼 수 있다. 금, 은, 주석 장식물과 악기, 폴란드 최대의 동양, 폴란드 러그 컬렉션이 인기가 높다.

폴란드 군사 역사 전시관
10세기에 사용된 무기, 1600년대의 갑옷, 18~20세기까지 이르는 전시물이 있다.

🏠 al. 3 Maja 1, 버스나 트램을 타고 Cracovia 역 하차, 구시가의 중앙 광장에서 도보로 15분 소요
💲 20zł 📞 +48-12-433-5500

About 흰 족제비를 안은 여인(Lady with an Ermine)

1489~1490년에 레오나르도 다 빈치가 그린 그림으로 주제는 도리에 맞는 안전함이다. 모델은 체칠리아 갈레라니(Cecilia Gallerani)인데 '로도비코 일 모로'라는 별명을 지닌 밀라노 공작인 루도비코 스포르차(Ludovico Sforza)의 애인이다. 이 그림은 레오나르도가 그린 오직 4점의 여성 초상화 중 하나이다. (다른 세 점은 모나리자, 지네브라 데 벤치의 초상과 라 벨 페로니에르(La Belle Ferronière)이다.) 표면은 많이 문질러졌고, 배경은 조정되지 않은 검은색으로 덧칠해졌고, 좌측 상단 구석은 깨진 뒤 수리되었고, 모델의 머리 위에 있는 투명한 베일은 사치스러운 머리모양으로 바뀌었으며 손가락들은 심하게 가필된 등의 많은 손상을 입었음에도, 레오나르도 다 빈치의 작품들 중에서는 양호한 상태의 작품에 속한다.

레오나르도는 로도비코 스포르차의 성채인 스포르체스코 성(Castello Sforzesco)에 그와 함께 살 때인 1848년 밀라노에서 체칠리아 갈레라니를 만났다고 한다. 체칠리아는 공작의 애인이었는데, 젊고 아름다운 17세의 그녀는 음악을 연주했고 시를 썼다.

그녀의 초상화에서 흰 족제비의 의미에 대해서는 다양한 해석이 있다. 애완용 흰 족제비는 귀족정치와 연관되었고 흰 족제비는 본래 갖고 있던 털가죽을 흙으로 더럽히느니 차라리 죽음을 선택하는 순수성의 상징이었다. 또한 흰족제비는 1488년 흰족제비 기사단을 만든 로도비코 스포르차의 개인적인 문장이었다.

엄밀히 보면, 이 그림에 있는 동물은 흰 족제비라기보다는 통통하고 덜 자란 흰 동물을 보는 것을 즐긴 중세 사람들이 좋아했던 페럿으로 보인다는 것이 정설이다.

폴란드 항공 박물관(Aircraft Exhibits)

폴란드 항공 박물관에서는 20세기 초반의 항공기와 각종 기념물을 볼 수 있다. 20세기에 폴란드 공군에 복무한 조종사들의 사진과 오래된 제복을 보고, 아이들과 함께 인터랙티브 전시를 둘러보며 직접 항공기를 조종해 보는 경험을 할 수도 있다. 박물관은 광범위한 자료를 소장하고 있는 도서관과 정기적으로 영화가 상영되는 극장도 갖추고 있다. 20세기 초반의 희귀 항공기, 제2차 세계대전 당시 사용된 제트기, 최첨단 인터랙티브 전시를 볼 수 있다. 폴란드 항공 박물관은 라코비츠−치지니 비행장에 자리 잡고 있다. 1912년에 문을 연 비행장은 유럽 최초의 비행장 중 하나였다. 1964년에는 박물관이 들어섰고, 항공기 격납고와 2010년에 지어진 전시관에는 200대가 넘는 항공기, 각종 엔진, 항공 기념물 등이 전시되어 있다.

중앙 전시관

프랑스의 1909 블레리오 11과 현존하는 유일한 폴란드 PZL P11을 비롯하여 총 21대의 항공기가 전시되어 있다. 항공 시뮬레이터에서 조종 실력을 시험해 보고, 스크린 실에서 조종사들의 삶에 관한 다큐를 감상할 수 있다.

격납고

바로 옆에 위치한 격납고가 박물관의 나머지 공간을 차지하고 있다. 첫 번째 격납고의 제1차 세계대전 항공기 전시에서는 헤르만 괴링의 개인 소장품이었던 여러 대의 전쟁 전 항공기를 볼 수 있다. 중앙 전시 격납고에서 제2차 세계대전에 사용된 항공기와 글라이더, 고성능 활공기가 있다. 세 번째 격납고에는 '역사의 이야기' 전시를 볼 수 있다.

🏠 Jana Pawla 39, 구시가 북동쪽으로 3km 거리　🕘 9~17시(화요일 무료)　📞 +48-12-642-8700

민족학 박물관(Ethnographic Museum)

과거 시청으로 사용된 건물에 자리 잡고 있는 민족학 박물관에는 과거와 현재의 문화를 보존하고 있다. 정교하게 복원된 침실과 주방을 구경하며 폴란드 농부들의 과거 실제 생활을 상상할 수 있다. 마을 목수에 의해 사용되었던 도구를 둘러보고, 종교 작품과 민속 예술을 감상해보자.

민족학 박물관Ethnographic Museum은 1911년에 교사이자 향토사가인 인물에 의해 설립되었다. 과거 카지미에르즈의 시청이었던 르네상스 건물에 자리 잡고 있는 박물관은 폴란드 최대의 컬렉션을 소장하고 있다.

완벽하게 재건된 이즈바 포드할란스카와 이즈바 크라코브스카에는 100여 년 전 폴란드 마을 사람들의 생활공간을 눈으로 확인할 수 있다. 당시의 가구와 예술 작품, 장식이 과거의 모습 그대로 꾸며져 있다. 박물관의 여러 곳을 돌아다니며 나무 땔감을 사용하는 전통적인 화로에서 요리를 하는 모습을 상상하고, 목수의 작업장에는 가구를 만드는 데 사용된 도구를 감상할 수 있다. 의복과 전통 의상이 전시된 공간에는 오늘날의 옷과 과거의 옷을 비교해 보고 꼭대기 층에는 박물관의 대규모 민속 예술 컬렉션을 볼 수 있다.

🏠 pl. Wonica, 카지미에르즈 지구의 구시가 남쪽 ⏰ 10~17시 📞 +48-12-430-6023

크라쿠프 경제는 지속적으로 상승하고 있어서 경제사정이 좋다. 젊은이들의 성공에 활기찬 분위기여서 레스토랑도 유기농과 해산물, 프랑스요리가 점점 메뉴로 올라오고 있다. 따라서 레스토랑 음식비용도 상승하고 있지만 아직은 다른 유럽에 비해 상당히 저렴한 편이다.

리스토란테 산탄티코
Ristorante Sant'Antioco

문을 열고 들어가면 직원들이 친절히 손님을 맞이하고 활기찬 분위기에 기분도 좋아진다. 아늑하고 캐주얼한 현대적인 분위기의 레스토랑으로 맛집으로 추천해주는 레스토랑이다. 세계 각지에서 온 관광객으로 가득차서 예약을 하지 않으면 먹기 힘든 곳으로 음식마다 플레이팅도 깔끔하게 나온다.

식전에 나오는 빵과 버터도 맛있고 양고기와 순록고기 스테이크에 함께 매쉬 포테이토 맛도 좋다. 양보다 음식 맛으로 알려져 있어서 조금 배고프다고 느낄 수도 있다.

홈페이지 www.ristorantesantantioco.pl **위치** Mikolajska 30

요금 스테이크 75zl~, 생선스테이크 65zl~, 와인35zl~ **시간** 13~22시 **전화** +48-12-421-4722

아트 레스토랑
Art Restaurant

채식을 위주로 유기농 재료를 사용해 폴란드 전문요리를 알려진 레스토랑이다.
스테이크, 디저트 모두 적당한 간으로 맛있다. 직원은 과잉 친절일 정도로 주문을 받아 기분이 좋아진다. 현지의 젊은 비즈니스 인들이 주로 찾는다고 한다.

`위치` Kanonicza 15　`요금` 스테이크 65zl~, 와인40zl~　`시간` 13~23시　`전화` +48-537-872-193

베가브
Vegab

현지인이 아침 일찍부터 찾는 음식점이다. 특히 케밥은 우리가 먹어오던 케밥과 비슷해 친숙한 맛이다. 다른 밥이나 반찬들도 우리가 먹던 것과 보기에는 비슷하지만 맛은 다르기 때문에 잘 보고 선택해야 한다. 선택한 음식대로 가격이 매겨지기 때문에 적당하게 먹을 만큼만 선택해야 한다.

`홈페이지` www.vegab.pl　`위치` Starowislna 6　`요금` 주 메뉴 35~60zl
`시간` 11~23시　`전화` +48-889-113-373

레스타우라캬 스타르카
Restauracja Starka

길가에 바로 보이는 레스토랑이 아니기 때문에 찾기가 쉽지 않은 단점이 있다. 사전에 미리 예약을 하는 것이 기다리지 않고 먹을 수 있는 레스토랑이다.
부드럽고 유명세만큼 가격이 비싸다는 단점이 있다. 폴란드 전통음식과 함께 와인, 디저트까지 유명하니 맛있는 폴란드 음식을 먹을 수 있는 기회로 활용하자.

홈페이지 www.starka-restauracja.pl **위치** ul. Jozefa 14호텔 내 위치 **요금** 주 메뉴 35~60zl
시간 12~23시 55분 **전화** +48-12-430-6538

올드 타운 레스토랑 와인 & 바
Old Town Restaurant Wine & Bar

정성들여 조리해 겉은 바삭하고 육즙이 나오는 쇠고기 전통요리는 비린 맛을 잡아 부드럽게 목을 넘긴다. 맛있는 고기가 양이 적다는 아쉬움이 많이 남는다. 겨자 소스와 고기 맛이 잘 어울리고 쫄깃쫄깃한 촉감의 고기는 와인과 함께 연인과 함께 가면 좋은 레스토랑이다.

위치 Ulica Swietego Sebastiana 25 Kazimierz **요금** 주 메뉴 15~30zl **시간** 12~22시 **전화** +48-12-429-2476

프라즈스타넥 피에로기
Przystanek Pierogarnia

관광객보다 현지인이 주로 찾는 피에로기 전문식당이다. 폴란드인들이 직접 먹는 다양한 피에로기를 맛볼 수 있는 장소로 추천한다. 또한 햄버거로 메뉴를 다양화하고 있다.
작은 공간으로 대부분의 손님은 테이크아웃으로 가지고 가며 항상 빈자리가 없을 정도로 사람들이 많다. 피에로기를 구입해 광장으로 이동해 맥주와 함께 먹는 피에로기의 맛을 잊을 수 없다.

홈페이지 www.przystanek-pierogarnia.ee　**위치** ul. Bonerowska 14
요금 12~21시 요금_ 10~17zl　**전화** +48-796-449-886

차르나 칵카 더 블랙 덕
Czarna Kaczka The Black Duck

크라쿠프에서 폴란드 전통음식을 가장 맛깔스럽게 플레이팅이 되어 나오는 소문난 집이다. 특히 케이크와과 커피가 소문나서 전통음식인 피에로기와 골룡카를 먹고 나서 디저트까지 먹고 간다. 창문으로 보이는 크라쿠프의 모습이 여유를 즐기게 해준다.

위치 ul. Poselska 22 old Town　**시간** 12~23시　**요금** 주 메뉴 35~80z　**전화** +48-12-426-5440

키엘바스키 포드 할라 타르고바
Kielbaski pod hala targowa

이 푸드 트럭은 크라쿠프에서 가장 유명한 폴란드 전통 소시지를 맛볼 수 있는 장소로 유명하다. 방송에 소개가 많이 되지만 정작 맛은 별로 없는데 푸드트럭에는 지나가는 사람들부터 관광객까지 항상 사람들로 북적인다. 오직 소시지와 소스, 빵만으로 사람들에게 행복을 준다.

위치 ul. Grzegorzecka 14   **시간** 20~다음날 새벽 03시

고고 버거
GOGO Burger

크라쿠프 젊은이들이 가장 좋아하는 장소로 알려진 곳이다. 내부는 서부 아메리칸 스타일로 장식되어 자유롭고 2층은 특히 벽면에 장식된 사진들과 악세사리는 마치 미국을 표방하는 듯해 폴란드의 크라쿠프와는 이질적이기까지 하다. 이곳은 저녁8시까지 운영을 하기 때문에 매콤한 맛의 버거와 피쉬앤칩스가 인기 메뉴이다.

위치 Starowislna 16   **시간** 12~20시   **요금** 주 메뉴 35~60zl   **전화** +48-788-702-030

FAB 퓨전
FAB Fusion

메트로폴리탄 호텔에서 운영하는 레스토랑으로 이름처럼 폴란드 음식을 다른 유럽의 음식에 가미해 대중적인 맛을 낸다. 관광객보다는 현지인을 대상으로 하는 레스토랑이다. 직원들은 친절하고 내부도 커서 안정적인 느낌이 든다. 메뉴를 주문하면 스테이크도 약간은 질기다고 느낄 수 있지만 현지인의 기호에 맞추어서 호불호가 갈린다.

쿠부스 호텔
Qubus Hotel

아직은 대한민국 관광객이 많지 않은 크라쿠프에서 추천하는 호텔이다. 비스와 강 근처에 있어서 루프탑에서 바라보는 풍경이 아름답다. 강가를 볼 수 있는 경관이 장점이지만 룸 내부는 작아서 불편할 수도 있다. 시내가 가까워 밤에 이동하기에 좋다.

위치 ul. Nadwislanska 6, Podgorze, 30-527 　**요금** 트윈룸 81€~　**전화** +48-12-374-5100

파크 인 바이 래디슨 호텔
Park Inn by Radisson Hotel

바벨성에서 도보로 15분 정도 떨어진 거리에 있는 4성급 호텔이다. 냉장고와 에어컨, 드라이기까지 비치되어 여성들이 좋아한다.

아침과 저녁에 비스와 강가를 산책하기에 좋고 해지는 풍경은 압권이다. 올드타운 광장까지 25분 정도 떨어져 있기 때문에 바벨성을 먼저 돌아보고 올드타운으로 이동하는 루트로 계획해야 한다.

위치 Monte Cassino 2, Debunki, 31-337　**요금** 트윈룸 64€~　**전화** +48-12-375-5555

퓨로 크라쿠프 카지미에즈
PURO Krakow Kazimierz

시설에 비해 가격도 저렴하고 직원들의 친절하여 비즈니스 고객들에게 인기가 있는 숙소이다. 올드 타운 내에 있기 때문에 밤늦게 돌아다녀도 위험하지 않다.
내부 인테리어는 리모델링을 한지 3년 정도밖에 안 되기 때문에 깨끗하다. 조식이 뷔페로 든든하게 먹을 수 있는 장점이 있다.

위치 ul. Halicka 14a, Old Town, 31-036   **요금** 트윈룸 73€~   **전화** +48-12-889-9000

베네피스 부티크 호텔
Benefis Boutique Hotel

올드타운에서 약 1㎞정도 떨어진 거리에 있는 오래된 호텔로 저렴한 가격인데도 넓은 룸 공간과 욕실로 이루어진 호텔이다. 크라쿠프 중앙 시장과 바벨 성, 올드타운 어디서도 가까워 여행하기에 편리하다. 객실 개수는 적지만 크라쿠프를 이용하는 관광객이 좋은 위치 때문에 더욱 좋아하는 호텔이다.

위치 ul. Halicka 14a, Old Town, 31-036   **요금** 트윈룸 59€~   **전화** +48-12-252-0710

다다 부티크 홈 호텔
Dada Boutique Home Hotel

통나무집을 개조해 원색으로 인테리어 된 호텔로 크라쿠프 올드 타운 중심에 있어 위치가 가장 장점인 호텔이기 때문에 항상 예약자로 넘친다. 근처에 카페와 레스토랑이 즐비해 편리하게 식사에 대한 부담은 없다.

위치 Krakowska 30   **요금** 트윈룸 45€~   **전화** +48-12-345-0992

페르가민 아파트호텔
Pergamin Aparthotel

크라쿠프 중앙역에서 500m정도 떨어진 호텔로 아파트처럼 주방을 갖추고 있어 간단한 음식을 만들어 먹을 수 있다. 근처에는 중앙시장이 있어서 아침에 장이 서면 각종 음식재료를 구입해 식사를 해결할 수 있는 장점이 있다.

가격도 굉장히 저렴하기 때문에 크라쿠프에서 아프트형태의 호텔이 늘어나고 있는 호텔 중에 인기가 높은 곳이다.

위치 Dluga 26, Old Town, 3-146   **요금** 트윈룸 29€~   **전화** +48-12-630-9165

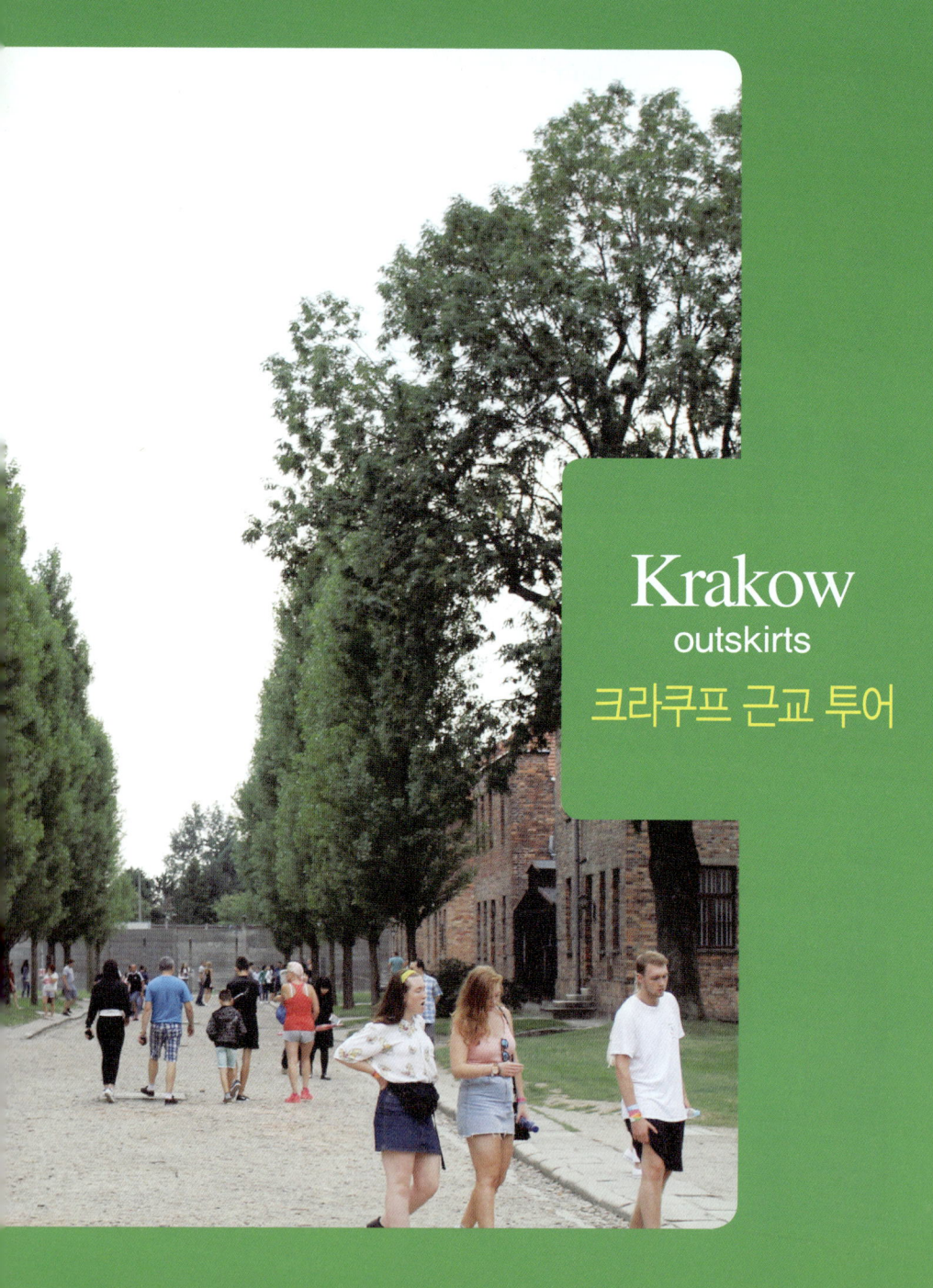

Krakow
outskirts

크라쿠프 근교 투어

오슈비엥침
Oswiecim

오슈비엥침^{Oswiecim}은 크라쿠프에서 60㎞정도 떨어진 중소 공업도시이다. 폴란드어 이름은 생소하게 들리지만 독일어 이름인 아우슈비츠^{Auschwitz}는 우리에게 익숙하게 들린다. 아우슈비츠는 가장 큰 나치 수용소로 인류 역사상 가장 많은 학살이 일어난 곳이기도 하다. 우리에게는 아우슈비츠로 알려진 곳은 크라쿠프에서 1시간 정도를 가면 있다. 도착했을 때의 절망감은 내리는 순간 느끼게 된다.

오슈비엥침 IN

대부분의 여행자들은 크라쿠프^{Krakow}로 도착해 그곳의 다양한 수용소 투어에 참가하여 오슈비엥침^{Oswiecim}으로 온다. 크라쿠프^{Krakow} 중앙 기차역에서 이른 아침과 오후에 몇 편의 기차가 출발한다. 기차역 뒤에는 하루에 10편의 버스(2시간 소요, 64㎞)가 운행하고 있다. 아우슈비츠 정문에서 매시간 지나는 버스를 타고 크라쿠프^{Krakow}로 돌아오면 된다.

아우슈비츠^{Auschwitz}와 비르케나우^{Birkenau} 사이를 오가는 셔틀버스 운행
▶6~8월_ 08시~19시 ▶5, 9월_ 08시~18시 ▶4, 10월_ 08시~17시 ▶3, 11월_ 08시~16시
▶12~2월_ 08시~15시

아우슈비츠 파악하기

오슈비엥침^{Oswiecim} 외곽에 있던 폴란드 군용 막사를 이용해 1940년 4월에 세워졌으며 원래 폴란드 정치범을 가두려던 목적이었으나 결국에는 유대인을 학살하는 거대한 수용소로 변하고 말았다. 1941년에는 비르케나우와 모노비츠의 두 수용소가 더 세워졌다. 이 수용소에서 27개국 150~200만 명이 죽어갔으며 그 중 85~90%가 유대인이었다.

나치는 수용 인원이 늘어나자 원래 마구간으로 쓰이던 곳에 제2수용소를 만들었다. 각 막사마다 유대인 400명을 수용했다고 하는데 3층 침대만 덩그러니 있는 것이 닭장처럼 느껴졌다. 독일군은 철수하면서 자신들의 만행을 감추기 위해 가스실과 소각로 등 중요시설은 파괴했다. 그나마 당시의 모습을 잘 간직한 곳이 제1 수용소이다.

정문에는 "노동이 너희를 자유롭게 하리라"라는 문구가 쓰여 있는데 이 문구를 제작한 유

대인들은 B문자를 왜곡된 문자로 만듦으로써 나치에 대한 저항심으로 몰래 담았다고 한다. 정문을 지나면 28동의 수용소가 ㄷ자 모양으로 3열로 늘어서 있다. 이곳으로 끌려와 가혹한 노동을 하다가 학살된 인원이 400만 명 이상이라고 한다. 10동과 11동 사이에 있는 죽음의 벽, 죽음의 순간에 아무 저항을 할 수 없었던 유대인들의 모습이 머리 속에 그려질 것이다.

건물 내부에는 이곳에서 어떠한 일들이 일어났는지 알 수 있는 모습이 전시품들과 사진들이 있다. 강제 노동을 할 수 없는 노안들과 어린 아이들은 그 자리에서 처형당하기도 했다. 나치가 한통에 400명을 독살할 수 있도록 만든 가스통이 한쪽에 수북이 전시되어 있다. 이곳이 얼마나 생지옥이었는지 알 수 있는 참혹한 물건들이 전시되어 있고 어린 아이들을 대상으로 생체 실험을 한 서진들을 보면 눈물이 절로 나온다.

나치가 후퇴하면서 파괴한 건물은 극히 일부로 원래 건물 중 여러 채는 그대로 남아 당시의 섬뜩한 역사를 이야기하고 있다. 20여 채의 남은 감옥들 중 12채에는 박물관이 들어서있으며 일반 전시물과 여러 국가에서 희생자를 위해 제공된 전시물들이 포함되어 있다.

이용 방법
1. 방문 센터에서 먼저 티켓을 받아야 한다. 무료이지만 입장티켓을 받아야만 입장이 가능하다.
2. 티켓을 확인하고 철조망 달린 정문을 들어가면 위에 'Arbeit Macht Frei(노동이 자유를 만든다)'라고 쓴 모순적인 구절을 읽을 수 있다.
3. 감옥의 전시물을 본 후에는 마지막으로 가스실과 화장터로 쓰이던 건물로 연결된다. 이 생생한 투어를 보면서 새삼 등골이 오싹해진다.
4. 방문 센터에서 보여주는 15분짜리 다큐멘터리 필름은 1945년 1월 27일 소련군에 의해 수용소가 해방되는 장면을 보여주며, 매 30분마다 상영된다.

아우슈비츠 수용소
Auschwitz Concentration Camp

제2차 세계대전 중에 폴란드 남부 오슈비엥침Oswiecim(독일명은 아우슈비츠Auschwitz)에 있었던 독일의 강제수용소이자 집단학살수용소로 나치에 의해 400만 명이 학살되었던 곳으로, 가스실, 철벽, 군영, 고문실 등이 남아 있다.

아우슈비츠 제1수용소 고압 철책
수용소 주변을 고압 전류가 흐르는 철조망으로 둘러 싸 유대인의 탈출을 막았다

폴란드 남부 크라쿠프에서 서쪽으로 50㎞ 지점에 위치해 있다. 인구 5만 명의 작은 공업도시로, 폴란드어로는 오슈비엥침Oswiecim이라고 한다. 나치가 저지른 유대인 학살의 상징으로 알려져 있으며, 당시 학살한 시체를 태웠던 소각로, 유대인들을 실어 나른 철로, 고문실 등이 남아 있다.

1940년 봄, 친위대 장관인 하인리히 힘러가 주동이 되어 고압전류가 흐르는 울타리, 기관총이 설치된 감시탑 등을 갖춘 강제수용소를 세웠다. 당해 6월 최초로 폴란드 정치범들이 수용되었고, 1941년 히틀러의 명령으로 대량살해시설로 확대되었으며, 1942년부터 대학살을 시작하였다.

입구와 고압철책

열차로 실려 온 사람들 중 쇠약한 사람이나 노인, 어린이들은 곧바로 공동샤워실로 위장한 가스실로 보내 살해되었다. 가스, 총살, 고문, 질병, 굶주림, 인체실험 등을 당하여 죽은 사람이 400만 명으로 추산되며, 그 중 3분의 2가 유대인이다. 희생자의 유품은 재활용품으로 사용되었고, 장신구와 금니 등은 금괴로 만들었다. 또한 희생자의 머리카락을 모아 카펫을 짰으며, 뼈를 갈아서 골분비료로 썼다.

1945년 1월, 전쟁 막바지에 이르러 나치는 대량학살의 증거를 없애기 위해 막사를 불태우고 건물을 파괴하였다. 그러나 소련군이 예상보다 빨리 도착하여 수용소 건물과 막사의 일부가 파괴되지 않고 남게 되었다. 제2차 세계대전이 끝난 후, 1947년 폴란드의회에서는 이를 보존하기로 결정했다.
희생자를 위로하는 거대한 국제위령비가 비르케나우^{Birkenau}에 세워졌으며, 수용소 터에 박물관이 건립되었다. 나치의 잔학 행위에 희생된 사람들을 잊지 않기 위해 유네스코는 1979년 아우슈비츠를 세계문화유산에 지정하였다.

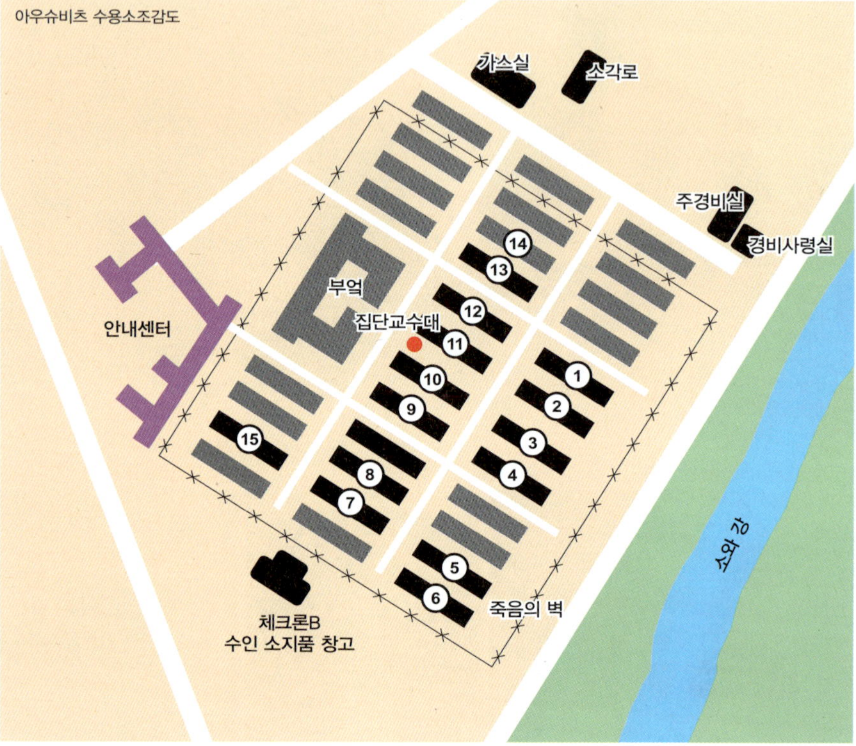

아우슈비츠 수용소조감도

가스실　소각로

주경비실

경비사령실

14

13

12

부엌

집단교수대

11

안내센터

10

1

9

2

15

3

8

4

7

5

6

체크론B
수인 소지품 창고

죽음의 벽

소 하 천

비르케나우(Birkenau)

유대인 학살이 대규모로 벌어지던 곳은 사실 아우슈비츠가 아니라 비르케나우(Birkenau)였다. 효율적인 학살을 위해 지어진 175ha의 광대한 수용소에는 300채가 넘는 막사와 4곳의 거대한 가스실, 화장터 등이 들어서 있다. 각각의 가스실은 2천 명을 수용할 수 있고 시체를 가마로 옮기기 위한 전기 리프트가 설치되어 있다. 이 수용소 안에는 한때 20만 명이 갇혀 있었다.

비르케나우(Birkenau) 개장시간은 아우슈비츠와 같다. 수용소를 돌아보려면 적어도 한 시간은 걸릴 만큼 광대하므로 충분한 여유를 갖고 출발하면 좋다. 돌아올 때는 셔틀버스로 아우슈비츠에 오거나 택시로 기차역까지 올 수 있다.

자모시치
Zamosc

자모시치는 폴란드 르네상스 시대를 지휘했던 수상, 얀 자모이스키$^{Jan\ Zamoyski}$에 의해 1580년에 세워졌는데, 이곳을 만든 목적은 동쪽으로부터의 침략을 방어하고 이상적인 도시 거주지를 설립하기 위해서였다. 1992년 자모시치는 유네스코의 세계 문화유산으로 지정되었다.

인상적인 르네상스 시대 광장인 비엘키 광장에서 관광을 시작하면 된다. 이곳에는 이탈리아 스타일의 중산층 주택과 16세기 시청이 있다. 지역 박물관 건물은 광장에서 가장 예쁜 건물 중 하나로 다양한 전시물들이 있다. 근처 자모이스키 궁은 1830년대 군사 병원으로 바뀌면서 상당부분 매력을 잃어버렸다. 북동쪽으로 조금 가면 1592년 폴란드에서 3번째로 생긴 고등 교육기고나, 아카데미가 나온다.

2차 세계대전 이전에 자모치의 인구 중 45%가 유대인이었으며 이들은 아카데미 동쪽 지역에 살고 있었다. 유대인 관련 건물 유적 중 가장 중요하게 남아 있는 곳은 1610년대 르네상스 풍의 시나고그로 모퉁이에 있다. 구시가에서 10분 정도 남쪽으로 가면 1820년대에 지어진 원 모양의 성채, 로툰다^{Rotunda}가 나온다. 2차 세계대전 중 나치는 이곳에서 8천 명의 주민을 학살했다. 현재는 희생자들의 추모 장소가 되었다.

비엘리츠카
Wieliczka

크라쿠프 시에서 15㎞ 남동쪽에 있는 비엘리츠카는 소금 광산으로 유명한데 이 광산은 유네스코 세계 문화유산에도 올라있다. 바다가 없는 폴란드는 중세까지 소금이 매우 귀하게 여겨졌다. 소금광산 아래로 내려가려면 가이드 투어를 반드시 해야 한다.

지하 깊숙이 내려가지만 위험하거나 폐쇄적인 느낌은 들지 않는다. 소금을 이용하여 만든 아름다운 조각을 볼 수 있다. 다만 생각보다 시간이 많이 걸리고 걷거나 서서 이동하고 여름이어도 지하로 내려가기 때문에 사전에 긴팔은 반드시 준비해야 한다.
비엘리츠카 행 버스는 버스 터미널 북쪽에서 매 10분마다 출발한다.

가이드 투어
이곳에서는 지하 64~135m깊이까지 있는 3개 층의 광산을 볼 수 있다. 음침한 분위기의 구덩이와 방들은 딱딱한 소금을 손으로 거칠게 깎아 만들어진 것이다. 이곳에서 가장 볼만한 것은 화려한 장식의 블레스트 킹가Blessed Kinga예배당이다. 관람은 3시간 가이드 투어로만 볼 수 있는데 광산 내부를 3㎞정도 보게 된다. 광산 내부 온도는 14도 정도로 유지된다.

🏠 크라쿠프 남동쪽으로 10km, 방문 당일에 입구에서 신청가능

238

소금 광산
salt mine

세계문화유산으로 지정된 소금광산에서 소금으로 지어진 예배당과 지하 호수, 박물관을 볼 수 있다. 소금광산을 방문하여 성 킨가 예배당의 반짝이는 샹들리에를 보면 성당에 온 듯한 느낌을 받을 수 있다. 예배당은 지하에 위치하고 있으며, 예배당을 장식하고 있는 각종 부조와 조각상, 샹들리에는 거의 모두 소금으로 제작되었다. 소금으로 된 미로를 탐험하며 지하 호수와 수많은 조각, 광산의 700년 역사를 보존하고 있는 박물관을 모두 둘러보는 투어를 즐길 수 있다.

세계에서 가장 오래된 13세기에 세워진 소금광산은 한때 세계 유수의 소금 생산지 중 하나였다. 287㎞에 달하는 통로를 갖춘 소금광산은 세계 최대의 규모를 자랑한다. 광산은 가이드 투어를 통해서만 둘러볼 수 있다.

378개의 나무 계단을 내려가면 지하 64m의 1층에 도달하게 된다. 약 3㎞를 걸어서 지하 135m 깊이까지 도달하게 된다. 터널 양측을 장식하고 있는 각종 부조와 조각상에는 최후의 만찬 장면을 비롯한 종교적 성상은 물론, 백설 공주와 일곱 난쟁이 같은 유쾌한 조각도 볼 수 있다. 성 킨가 예배당을 비롯하여 소금으로 만들어진 3곳의 예배당이 있다.
투어 말미에 도착하는 박물관에서 700년 동안 진화해 온 광산 장비를 보는 시간도 있다. 투어가 끝나면 지하 레스토랑에서 식사를 즐기는 것도 잊지 못할 경험을 하는 좋은 방법이다. 요리에는 광산에서 채굴된 소금이 사용된다.

🏠 ul. Danilowicza 🕐 08~17시(광산은 4월 16일~10월 15일) 📞 +48-12-278-7302

체스토쵸바
Czestochowa

카토비체 북쪽에 있는 체스토쵸바^{Czestochowa}는 폴란드의 정신적 지주인 도시이다. 도시를 연결하는 가장 큰 대로에 넓은 가로수가 이어져 있고 서쪽 끝부분은 야스나 고라^{Jasna Gora} 수도원이 있다.

야스나 고라 수도원
Jasna Gora Monastery

성배의 모습을 간직한 이 수도원에는 교회, 예배당, 수도원이 같이 있다. 커다란 바로크 교회는 아름답게 장식되어 있으며, 검은 마돈나 상은 옆 예배당 제단에 안치되어 있다. 수도원 위층, 기사의 홀에는 성화 모조품이 전시되어 있다.

이곳에는 3개의 박물관이 있는데 무기 박물관에는 옛 무기들이 전시되어 있으며 600주년 기념관^{Museum Szescsetlica}에는 바웬사가 1983년 받은 노벨 평화상이 보관되어 있다. 그리고 귀중품관^{Skarbiec}에는 충실한 신자들이 헌납한 물건들이 전시되어 있다. 106m의 수도원 탑은 폴란드에서 가장 높은 교회 탑으로 4~11월 사이에 매일 개방된다.

마돈나 성화
Jasna Gora Monastery

이 도시의 명성은 밝은 산이라는 뜻의 야스나 고라^{Jasna Gora}수도원에 안장된 검은 마돈나 성화의 기적적인 힘에서 비롯된 것으로 1382년에 세워진 이후, 전 세계에서 수많은 참배객들이 몰려들고 있다.

1430년 이 성화는 후스교파들에게 도난당해 마돈나의 얼굴 부분이 손상되고 말았다. 전해오는 이야기로는 상처에서 피가 나왔으며 이를 본 도둑들은 겁을 먹고 도망쳤다고 한다. 성화를 발견한 수도승이 이를 닦으려하자 기적적으로 땅속에서 샘이 솟아났다. 이 샘은 아직도 있으며 성 바바라 교회^{St. Barbara's Church}가 그 터에 세워졌다. 그림은 다시 복원되어 그려졌지만 성모 마리아의 얼굴 상처는 당시 지적의 흔적으로 그대로 남아 있다.

Torun

토룬

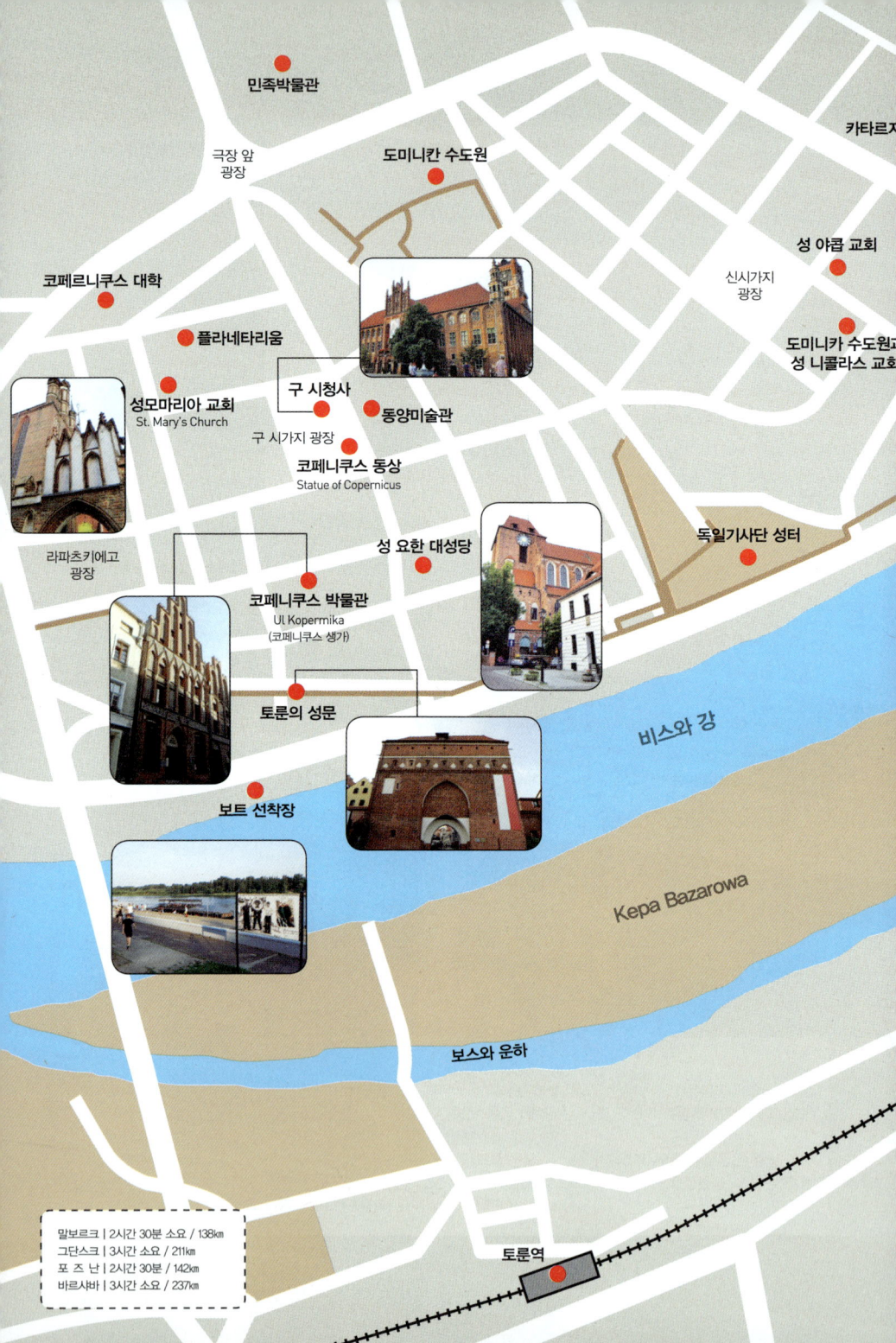

민족박물관

도미니칸 수도원

극장 앞
광장

카타르지

성 야콥 교회

코페르니쿠스 대학

신시가지
광장

플라네타리움

구 시청사

도미니카 수도원ⴳ
성 니콜라스 교회

성모마리아 교회
St. Mary's Church

동양미술관

구 시가지 광장

코페니쿠스 동상
Statue of Copernicus

성 요한 대성당

독일기사단 성터

라파츠키에고
광장

코페니쿠스 박물관
Ul Kopernika
(코페니쿠스 생가)

토룬의 성문

비스와 강

보트 선착장

Kepa Bazarowa

보스와 운하

말보르크 | 2시간 30분 소요 / 138km
그단스크 | 3시간 소요 / 211km
포 즈 난 | 2시간 30분 / 142km
바르샤바 | 3시간 소요 / 237km

토룬역

2차 세계대전의 폭격을 피해있었기 때문에 중세의 향기가 비스와 강에 내려진 도시인 토룬은 중세 고딕 양식의 교회가 가장 잘 보존된 도시로 좁은 도로와 중산층의 주택들과 커다란 고딕 교회가 특징이다.

지동설을 주장한 천문학자 코페르니쿠스가 태어난 도시로 알려져 있다. 북쪽의 발트해 연안에서 나오는 호박을 바르샤바와 크라쿠프로 수송하는 중간에 위치한 도시로 성장해 호박의 도시로도 알려져 있다. 독일 기사단의 근거지 중 한 곳으로 성장하여 거리의 분위기는 독일의 소도시에 와있다는 느낌을 받기도 한다.

중앙역에서 시내 IN

비쥴라 북쪽 제방에 위치한 토룬의 사적지는 서쪽으로 구시가Stare Miast와 동쪽으로 신시가 Nowe Miasto으로 나누어져 있다. 버스 터미널은 북쪽으로 5분 거리에 있고 중앙역은 강 건너 남쪽에 있다.
바르샤바와 그단스크 방면으로 연결되는 열차는 전부 토룬 중앙역에 도착한다. 역 앞에는 버스 정류장이 위치했는데 시내로 이동하려면 22, 27번 버스를 타고 5~6분 정도 이동하여 비스와 강의 철교를 건너 다음 정류장에서 하차하면 라파츠키에고 광장pl. M. Rapackiego에 도착할 것이다. 이곳이 구시가지의 입구이다.

> **기억할 토룬의 이미지**
> 1 폴란드에서 가장 잘 보존된 고딕 마을로 도시 내의 유서 깊은 지역인 구시가지가 1997년 유네스코 세계 문화유산으로 지정되었다.
> 2 1543년. 지동설을 주장하여 천문학계의 지각변동을 일으킨 니콜라우스 코페르니쿠스가 태어난 고향으로 코페르니쿠스의 흔적이 도시 곳곳에 있는 것으로 유명하다.
> 3 아름다운 붉은 벽돌로 이루어진 교회와 정교한 파사드로 이루어진 도시의 풍경이 유명한 토룬의 쿠키인 진저브레드와 닮았다고 한다.

한눈에
토룬 파악하기

구시가지 중심지역은 구시가 시장광장^{Rynek Staromiejski}이다. 14세기에 지어진 커다란 벽돌 건물은 구시청으로 현재 지역 박물관이 들어서 있다. 붉은 벽돌의 시청과 복원된 가옥들이 줄지어 있고 광장 남동쪽 모퉁이에 있는 코페르니쿠스의 동상^{Statue of Copernicus}은 항상 관광객들로 붐빈다. 광장 북서쪽에는 13세기 말에 성모 마리아 교회^{St. Mary's Church}가 있다. 이 교회 뒤로 천문대가 있는데 여름에는 설명회를 열기도 한다.

코페르니쿠스 박물관^{ul Kopermika}은 1473년 출생한 코페르니쿠스의 고딕 벽돌집이다. 박물관에서 오른쪽으로 이동하면 13~15세기에 건축된 성 요한 성당이 나온다. 성당의 거대한 탑에는 미사를 알리는 폴란드에서 2번째로 큰 종이 울리는 곳이다. 더 직진하면 독일 기사단 성 유적지가 나오는데 이곳은 강압적인 지배에 대항하여 1454년에 일으킨 지역 주민들의 봉기에 파괴되었다.

플라네타리움(Planetarium)
코페르니쿠스의 출생지인 토룬은 가이드투어 프로그램을 운영하고 있다. 계절에 따른 하늘의 변화와 혜성의 움직임 등을 설명하는 곳이다.

구시청사
Ratusz Staromiejski Old Town Hall

1391년에 고딕양식으로 만들어 구시가지 광장을 대표하는 건물로 상징되는 곳으로 화려한 외관의 장식이 인상적이다. 전쟁이 날 때마다 훼손되었지만 고딕양식의 구조는 지금까지 이어오고 있다. 가장 큰 훼손은 18세기 초에 스웨덴군의 포화로 희생되었다가 다시 복구되어 지금에 이르고 있다.

시청사 내부를 박물관으로 사용하고 있어 14세기에 제작된 종교화와 그리스도 상을 볼 수 있다. 토룬이 지역박물관으로 활용되고 있다. 17~18세기 공예품과 고딕 예술작품인 회화와 스테인드글라스가 화려하게 전시되어 있다.
높이 40m의 탑을 개방하고 있는데 도시를 바라보기 위해 관광객이 방문하는 필수코스이다. 구시청사 남쪽으로 코페르니쿠스의 상Statue of Copernicus / Pomnik M. Kopernika도 인기 관광코스이다.

🌐 www.muzeum.torun.pl
🏠 Rynek Staromiejski 1
🕐 5~9월 10~18시(탑은 20시까지)
　　10~4월 10~16시(탑은 17시까지)
💰 11zł(탑 11zł)

코페르니쿠스 집
House of Copericus

지동설을 주장하여 천문학계의 새로운 업적을 만들어낸 코페르니쿠스의 생가인지는 확실하지 않지만 그의 생애와 업적에 대해 다루고 있다. 당시의 가구와 집필 자료가 전시되어 있다.

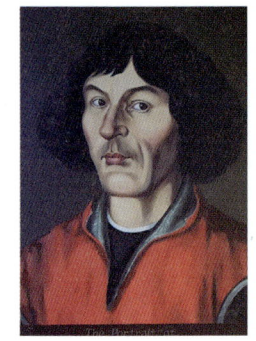

생가를 박물관으로 개조해 사용하고 있는데 컴퍼스와 지구의 등, 생전에 사용한 기구들을 전시하고 있다. 의외로 작은 곳에서 지동설을 관측한 그의 업적이 놀랍다는 사실을 알게 된다. 생가에서 가장 특이한 것은 '진저브레드 세계World of Torun's Gingerbread'라는 것으로 진저브레드가 만들어진 과장에 예술적인 통찰력을 만들어낸 것이다.

🏠 ul Kopernika 15/17   🕐 5～9월 10～18시 / 10～4월 10～16시
🎫 11zł(시청각자료실 13zł, 진저브레드 전시실 11zł, 통합입장권 22zł)   📞 56-660-5613

성모 마리아 교회
St. Mary's Church

구시가지 광장에서 북서쪽으로 한 블록 떨어진 곳에 14세기 후반에 지어진 전형적인 고딕양식의 건물로 위용 있게 서있다. 가장 가치 있는 교회당 안에는 14세기 고딕풍의 벽화에서 나오는 화려한 스테인드글라스가 인상적이다.

🌐 www.muzeumoiernika.pl 🏠 ul Rabianski 9
🕐 9~18시 🎫 12zł(학생할인 10zł) 📞 56-663-6617

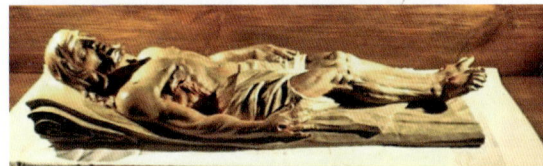

성 요한 대성당
Cahedral of SS John the Baptist & John the Evangelist

토룬에서 가장 오래된 성당으로 성모 마리아의 여성적이고 우아한 이미지를 띤 성당이 성모 마리아 교회라면 반대로 남성적인 이미지의 성당이다.
고딕, 르네상스, 바로크, 로코코 등 시대를 지나가면서 장식이 변화된 성당의 이미지를 볼 수 있다. 위에 있는 2.27m의 종이 크라쿠프의 지그문트 종에 이어 2번째로 크다.

🌐 www.katedra.diecezja.tourn.pl 🏠 ul Zeglarska 16
🕐 9~17시30분(일요일 14~17시 30분) 🎫 3zł 📞 +48-56-657-1480

독일 기사단 성터
Ruin's of Teutonic Knights' Castle

13세기 중반부터 시작된 나무로 만들기 시작했다. 15세기 중반부터 점차 벽돌과 돌로 연장되었지만 지금은 폐허가 된 녹음이 우거진 공원의 분위기이다. 비스와 강변에 있는 구시가를 지키는 삼각형의 모습을 띠고 있다. 1454년 토룬 시민군의 봉기로 일어난 폐허가 되어 지금에 이르고 있다.

토룬의 성문
Torun's Bridge Gate

브릿지 게이트(The Bridge Gate)

1432년 비스와 강가의 배가 내리는 지점에서 성문으로 이어지는 길에 만들어져 페리 게이트 Ferry Gate라고 불리기도 했다고 한다.

토룬의 성문(Torun's Bridge Gate)

15세기 후반부터 성이 확대되면서 목조다리로 시작되었지만 점차 벽돌로 보강하면서 지금은 자동차들이 구시가를 드나드는 곳으로 사용하고 있다.

성 문(앞) ▶ 성 문(뒤) ▶▶

기울어진 탑
Krzywa Wieza

피사의 사탑까지 기울어져 있지는 않지만 어느 정도 기울어져 있다. 토룬의 성문에서 오른쪽으로 비스와 강변을 따라 이어진 성벽이 시작되는 지점에 있다.
'기울어진 탑The Leaning Tower으로 불리는 탑에서 벽면에 몸을 붙이고 손을 앞으로 내밀어 쓰러지지 않는지 확인하는 행동을 취하는 것이 포인트이다.

🏠 ul Pod Krzywa Wieza 1
🕐 10~18시
📞 +48-881-628-545

여러가지 동상

강아지 동상(Monument to Filus)
폴란드의 작가인 즈비그뉴 렝그렌의 만화에 등장하는 강아지 동상 꼬리를 잡으면 사랑이 이루어지고 모자를 만지면 시험을 잘 보게 된다는 속설이 있다고 한다.

바이올린 연주하는 동상 (Pomnik Fkisaka)
구 시청 앞에 있는 동상으로 바이올린을 연주하는 소년 주변에 개구리들이 있다. 비스와 강에 개구리 떼가 나타나 피해를 입었을 때 바이올린을 연주하여 개구리 떼를 마을에서 멀리 떠나보냈다는 이야기가 전해진다.

진저브레드 박물관
Gingerbread Museum

16세기에 진저브레드 공장을 개조한 박물관으로 진저브레드의 역사를 알 수 있다. 중세시대 진저브레드가 만들어진 과정을 직접 만들어 볼 수도 있다.

과자로 만든 생강 빵Gingerbread의 경우 서양에서 아이들 간식으로 곧잘 굽기도 하며, 그 외에도 축제나 크리스마스 시즌이 되면 이걸로 과자 집이나 과자 사람 등을 만들어 장식하는 경우가 많다.

중세 이후로, 피에르니키pierniki는 폴란드의 속담과 전설에서 토룬Toruń과 연결되었다. 한 가지 전설에 따르면 진저 브레드는 꿀벌의 여왕으로부터 도제인 보그 미우에게 주는 선물이었다고 전해진다. 시인 프라이데릭Fryderyk 호프만에 의해 "17 세기에 폴란드의 4개의 최고의 물건을 말한다. 보드카의 그단스크, 토룬 진저의 여성, 크라쿠프와 바르샤바의 신발을" 토룬은 진저 빵 축제Święto Piernika라는 진저 브레드의 행사를 매년 개최하고 있다.

최근에 진저브레드라고 하면 거의 대부분은 사진과 같은 사람 모양 과자를 가리킨다고 보면 된다. 다만 먹음직스런 외관과는 달리 전통적인 방식으로 만든 생강 과자는 딱딱하고 생강 특유의 향이 강해서 맛이 그다지 좋지 않다.
사실 이건 장식용 공예품이지 결코 식품이 아니다. 만약 과자로서 즐기고 싶다면 반죽에 버터, 우유, 계란 등을 다량 첨가하는 편이 좋은데, 이렇게 만들면 기존보다 잘 부서지는 탓에 장식용으로 쓰기에는 다소 부적합하지만, 맛 측면에서는 훨씬 낫다.

🌐 www.piernikarniatorun.pl 🏠 ul Rabianski 9 🕘 9~18시 💲 12zl(학생할인 10zl) 📞 +48-56-678-1800

토룬의 옛 법원
The Arther's Court

구 시청 건물에서 오른쪽으로 돌아가는 외곽에 특이한 건물이 보인다. 토룬의 옛 법원으로 빨간색의 독특한 모양을 하고 있다. 지금은 레스토랑과 상점으로 사용되고 있다.

🏠 ul Rynek Staromiejski 6 📞 +48-56-655-49🕒

비스와 강 유람선
Vistula River & cruise ship

4～9월까지 매일 유람선을 운항하는데 관광객보다 주말에 현지인들이 가족단위로 주로 승선한다. 약 40분 동안 비스와 강을 천천히 돌면서 토룬의 성채를 전체적으로 볼 수 있다. 수면에 비친 독일 기사단 성터가 가장 아름답게 보인다.

🎫 12zł / 인원 10명이상이 모이면 출발 🕐 9～18시

리스토란테 산탄티코
Ristorante Sant'Antioco

토룬은 관광객이 폴란드의 다른 도시보다 많지 않다. 그래서 대부분의 레스토랑은 현지인의 추천이 중요하다. 그들이 가장 처음으로 추천한 곳이 커피와 위스키 전문점이다. 현대적인 분위기로 토룬 시민들이 자주 찾는다.

커피와 위스키가 인기가 없다가 점차 커피맛이 알려지면서 시민들이 많이 찾는 인기 장소로 2009년 이후에 확장하면서 토룬에서 가장 유명한 커피전문점이 되었다.

홈페이지 www.coffeeandwhisky.pl　위치 South West Ducha 3　시간 12~24시 요금_ 주 메뉴 10~30zl
전화 +48-533-985-144

카르크마 스피츠르즈
Karczma Spichrz

호텔에서 운영하는 스테이크 맛으로 유명한 레스토랑이다. 특히 고기를 날짜별로 보관하면서 원하는 고기상태가 되면 꺼내 스페이크로 구워준다. 토룬 시민들은 피에로기와 스테이크를 같이 먹는 경우가 많다. 맥주와 함께 레스토랑에서 맛있는 코스 요리도 즐길 수 있다.

홈페이지 www.spichrz.pl　위치 Mostowa 1　시간 12~23시 요금_ 주 메뉴 10~30zl　전화 +48-56-657-1140

레스토랑 1231
Restaurant 1231

호텔에서 운영하는 레스토랑으로 폴란드음식을 퓨전스타일로 변형한 요리를 선보이고 있다. 원래 건물은 중세 건물로 사용되던 것을 호텔에서 인수하면서 1층을 레스토랑으로 바꾸었다. 건물의 형태는 바꾸지 않았기 때문에 동일하게 지금도 유지하고 있다. 대부분 생선요리가 많고 셰프의 요리는 매일 선보이고 있다.

위치 ul.Przedzamcze 6　　**시간** 12~23시　　**요금** 주 메뉴 20~70zl　　**전화** +48-56-619-0910

피자리아 피콜로
Pizzeria Piccolo

이탈리아 음식을 전문으로 내놓는 레스토랑으로 피자가 담백한 맛을 낸다. 광장에 있어 쉽게 찾을 수 있고 피자뿐만 아니라 파스타도 짜지 않고 담백한 맛을 낸다. 피자와 파스타를 토룬에서 찾는다면 추천한다. 저녁까지만 먹을 수 있기 때문에 밤에는 먹을 수 없다. 이탈리아에서 온 셰프가 직접 만들기 때문에 다른 피자전문점과 다른 맛을 낸다.

위치 ul.Prosta 20　　**시간** 10~21시　　**요금** 주 메뉴 20~50zl　　**전화** 주 메뉴 20~50zl

마네킨
Manekin

토룬에서 돼지고기와 허브가 들어간 크레페가 유명한 음식점이다. 오븐에 구워 모짜렐라 치즈, 채소, 살라미 등을 넣어 만든다. 마네킨은 토룬에 2곳에 있지만 광장에 있는 마네킨 을 더 많이 찾는다. 크레페와 맥주나 커피를 주문해 먹는데 조지아의 펠메니와 비슷한 맛 을 낸다.

| 위치 | ul.Rynek Staromiejski 16 | 시간 | 10～23시 | 요금 | 주 메뉴 20～70zl | 전화 | +48-56-621-0504 |

폴란드 인에 대한 오해

불친절하다는 오해

처음에는 굉장히 쌀쌀맞다는 느낌이 든다. 무례한 행동을 하는 것처럼 보이는 사람도 많이 있기 때문에 기분이 나빠지기도 한다. 폴란드 상점에서 물건을 구입하고 결제를 하면 프런트 직원들이 불친절하다.

A) 그런데 오해일 수도 있다. 폴란드 인들은 폴란드에 대한 자부심이 강하기도 하지만 성격이 의외로 급하다. 또한 영어를 잘 못해서 관광객이 영어로 물어보고 말하는 상황이 싫은 것이다. 말이 안 통해서 답답하면 성격이 급해진다. 그래서 폴란드어로 인사라도 한 마디 하면 대우가 달라진다. 물론 폴란드어를 잘 모르기 때문에 말은 안 통해도 마음을 열고 이해하려고 해 준다. 이때부터 친절해지기 시작한다. 한 마디라도 폴란드어로 인사를 한다면 친절한 폴란드인들을 쉽게 만날 수 있을 것이다.

폴란드인들이 뚫어지게 쳐다본다.

처음에 어느 장소에 들어가면 계속 쳐다볼 때가 많다. 인종차별은 아니고 정말 신기해서 쳐다보는 것이다. 한번 토룬Torun에서 친구와 식사를 하고 있었다. 그런데 한 어린이가 와서 폴란드어로 와서 뭐라고 물어보는 것이었다.

A) 폴란드어를 모르는 나는 부모를 쳐다보니 어느 나라에서 왔냐고 물어보고 싶다고 해서 직접 가보라고 했다는 이야기를 들었다. 그럴 정도로 폴란드에는 동양인 관광객이 별로 없다. 당연히 살고 있는 동양인도 드물고 한국인은 정말 없다. "어떻게 저 사람이 여기에 있는 걸까?" 궁금해 하는 경우가 많다. 그러므로 기분 나쁘게 생각하지 말고 즐기면 된다. 폴란드에서 인종차별은 거의 없을 것이다. 그들도 차별을 심하게 당했기 때문에 차별당하는 것은 나쁘다는 사실을 잘 알고 있다.

남자가 문을 열어준다.

유럽에서는 남자가 여자를 위해 문을 열어주는 경우가 있지만 특히 폴란드에서 남자가 문을 열어 준다.

A) 폴란드에서는 여성에 대해 특히 배려해주는 것이 기본적인 매너이다. 가장 기본적인 것이 남자가 여성을 위해 문을 열어주는 행동이다. 심지어 반대편에서 빠르게 다가와 문을 열어 주는 경우도 있다, 문까지 오는 여성을 보고 문 열고 기다려 주는 경우도 있다.

Gdańsk
그단스크

그단스크

GDANSK

발트해 연안의 항만 도시인 그단스크는 폴란드에서 가장
아름다운 도시 중 하나이며 크라쿠프와 함께 폴란드가
세계에 자랑하는 문화, 역사, 관광의 도시이다.
중세를 그대로 옮겨 놓은 것 같은 빨간 벽돌의 올드타운
(Old Town)을 둘러보면 역사의 무게를 느끼게 된다.

간단한
그단스크 역사

997년에 폴란드령으로 이름이 기록되어, 1997년에 정확히 1,000주년을 맞이하였다. 예로부터 호박의 산지로도 유명하며, 인구 숫자로 독일인이 우세하지만 건축학적으로는 플랑드르 모습이 남아있는 그단스크는 역사적으로 사실상 독립적인 도시 국가였던 시절이 많았다. 지금 그단스크는 자유로운 정신을 상징하는 폴란드 자유노조의 탄생지로 알려져 있다.

13~14 세기

한자동맹의 일원으로 독립국가로 번영을 이루었다.

16~17 세기

그단스크는 독일기사단에 짓밟히며 도시는 쇠퇴하였다.

2차 세계대전

히틀러가 이끄는 나치 독일의 표적이 되기도 했다. 이는 발트 해 Baltic Sea의 요충지로 번영했던 지리적 조건이 반대로 작용한 것이었다. 1939년 9월 1일, 독일군은 베스테르플라테로 기습작전을 전개하였는데 이것이 결과적으로 제 2차 세계대전의 시작으로 이어지면서 이 항구의 전략적 중요성이 강조되었다. 그단스크는 독일과 소련의 격전지가 되어 시가지의 90%가 파괴되고 말았다.

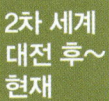
2차 세계 대전 후~ 현재

도시의 모습을 그대로 복원하려는 시민의 열의와 노력이 결실을 맺어 지금은 찾아오는 이들을 중세로 이끌고 있다.

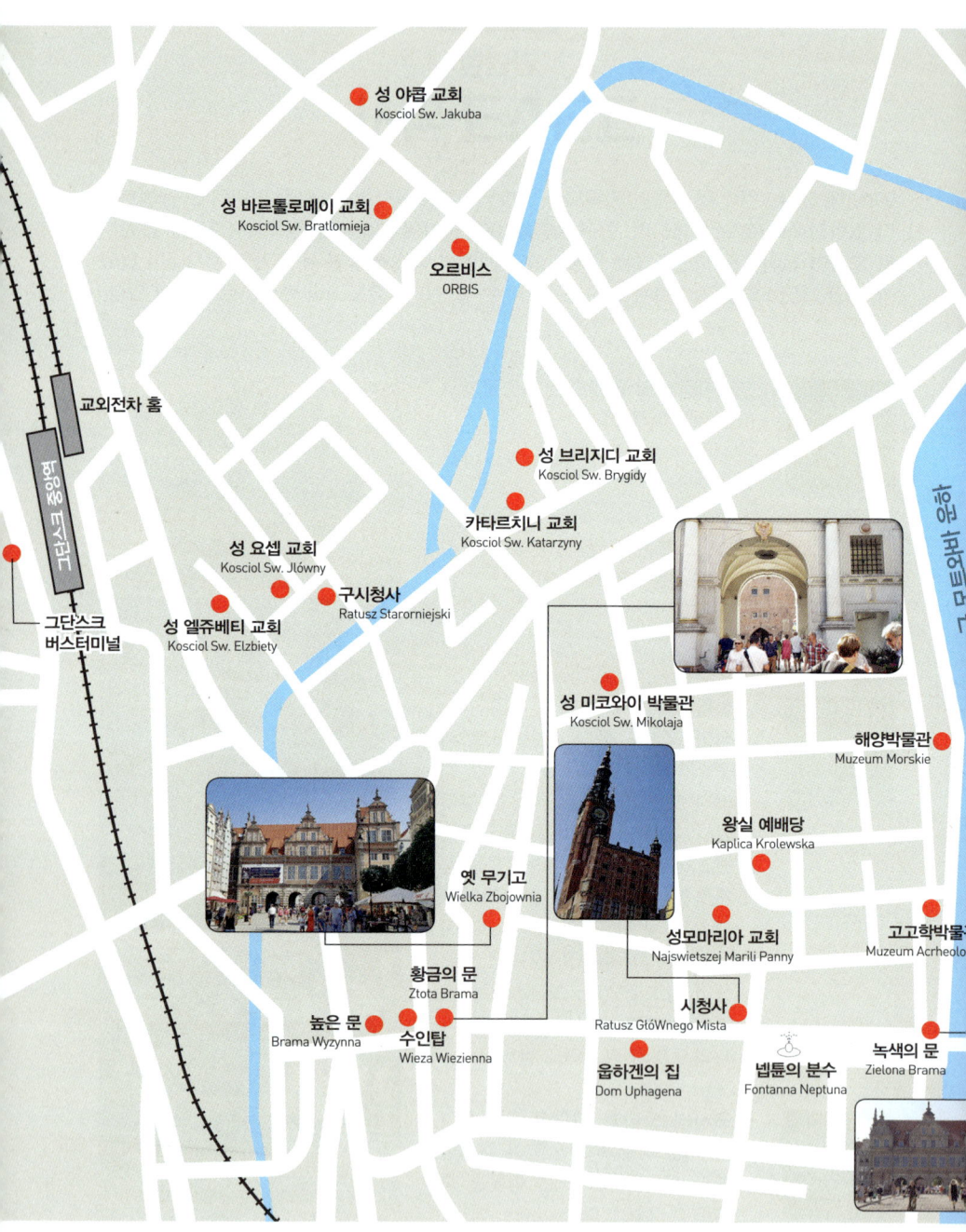

성 야콥 교회
Kosciol Sw. Jakuba

성 바르톨로메이 교회
Kosciol Sw. Bratlomieja

오르비스
ORBIS

교외전차 홈

그단스크 버스터미널

성 브리지디 교회
Kosciol Sw. Brygidy

카타르치니 교회
Kosciol Sw. Katarzyny

성 요셉 교회
Kosciol Sw. Jlówny

구시청사
Ratusz Starorniejski

성 엘쥬베티 교회
Kosciol Sw. Elzbiety

성 미코와이 박물관
Kosciol Sw. Mikolaja

해양박물관
Muzeum Morskie

왕실 예배당
Kaplica Krolewska

옛 무기고
Wielka Zbojownia

성모마리아 교회
Najswietszej Marili Panny

고고학박물
Muzeum Acrheolo

황금의 문
Ztota Brama

시청사
Ratusz GtóWnego Mista

높은 문
Brama Wyzynna

수인탑
Wieza Wiezienna

녹색의 문
Zielona Brama

읍하겐의 집
Dom Uphagena

넵튠의 분수
Fontanna Neptuna

그단스크 IN

비행기

하루에 5~7편이 에스토니아 탈린, 덴마크 코펜하겐, 독일 프랑크푸르트와 함부르크, 오스트리아 빈(요일에 따라 운항수가 다름)에서 50~70분정도 소요된다.

기차 / 버스

기차는 바르샤바 중앙역에서 3시간 45분~4시간 30분 정도가 소요된다. 버스는 폴스키^{Polski} 익스프레스와 플릭스^{Flix Bus}버스가 하루에 2편이 운항하며 6~7시간이 소요된다.

페리

스웨덴의 뉘네스 항(주 3~4편)에서 18시간을 운항하여 그단스크의 시내에서 약 7㎞ 북쪽의 신 항구에 도착한다.

추천 여행코스

1박 2일의 코스로 기차, 버스로 그단스크 중앙역으로 들어오면 중앙역에 숙소를 두고 둘러보면 된다.

우선 그단스크 중앙역이 기점이 되어 시가지만 관광하려면 하루면 충분하다. 동쪽에 있는 구 모트와바 운^{Motlawa River Embarkment} 근처도 돌아보려면 2일 정도가 소요된다.

한눈에
그단스크 파악하기

역사적인 구역은 가장 풍부한 건축물과 철저한 복구 작업이 눈에 띄는 곳이다. 긴 도로라는 뜻의 울 들루가Ul Dluga와 긴 시장이라는 뜻의 들루기 타르그Dlugi Targ는 이곳의 주요 도로를 이루는데, 이곳은 폴란드 왕이 전통적으로 행진하던 왕의 거리였다.

왕들은 업 랜드 게이트Upland Gate를 지나 마을 중심으로 들어와서 골든 게이트Golden Gate를 거쳐 르네상스 풍의 그린 게이트Green Gate까지 행진하였다.

그단스크
핵심 도보 여행

그단스크 중앙역은 올드 타운^{Old Town}에서 도보로 20~30분 거리에 있으며 버스 터미널은 기차역 바로 옆에 있다. 시내는 3곳의 유서 깊은 지역으로 이루어져 있는데, 북부의 구시가, 시내 중심, 남부의 교외 지역이다.

구시가지로 가기 위해서는 우선 성벽이 있었던 '높은 문'브라마비진나^{Brama Wyzynna}에서 '황금의 문 즈워타 브라마^{Zlota Brama}'를 지난다. 시청사를 지나 그단스크의 수호신 넵튠의 분수와 중세 그대로 분위기를 전해주는 들루가^{Dluga} 광장을 둘러본 후 '초록문' 지엘로나 브라마^{Zielona Brama}로 가거나 운하를 따라서 걸어보자.

중앙역 앞 큰 도로인 바위야기엘로니스키^{Waly Jagiellonskie}를 따라 남쪽으로 약 500m정도가 그단스크 구시가지의 핵심이다. 1558년 완성되었으며, 당시에는 도개교로 만들어 외적이 접근하지 못하도록 하였다. 문 위에는 천사와 사자 조각, 폴란드와 독일 기사단, 그단스크의 문장이 있다.

죄수의 탑
House of Copericus

높은 문과 황금의 문 사이에 있는 고딕, 르네양스 양식의 높은 탑은 수인을 고문하기 위해 지은 죄수의 탑이다. 1539년에 건설하였고, 당시에는 가장 발달한 고문 설비를 갖추었다. 스페인의 구두라고 부르는 안쪽에 바늘이 달린 구두와 바늘을 설치한 의자 등이 있다.

황금의 문 / 즈워타 브라마
Golden Gate / Zlota Brrama

높은 문과 죄수의 탑을 지나면, 황금의 문이 나타난다. 왕의 길의 시작점이자 올드 타운Old Town으로 들어가는 첫 번째 문으로 드우가Dluga거리 입구에 해당하며 1614년에 완성했다. 네덜란드 르네상스 양식으로 문 벽에는 성서 시편 1절이 조각되어 있다. 2차 세계대전 때 나치와 소련의 공습으로 도시의 90%가 파괴될 때 같이 소실되었다가 1957년에 재건되었다.

시청사
Main Town Hall

1379년에 착공하여 1561년에 82m의 첨탑을 완성했다. 첨탑 위에는 지그문트 아우그스트 왕의 황금 상이 서 있는데 화재와 전쟁 등으로 3번에 걸쳐 피해를 입었지만 그 당당한 고딕양식의 탑은 드우기 광장의 풍경을 보다 매력적으로 만들어준다. 현재, 시청사 내부는 그단스크 역사박물관으로 공개하고 있는데, 인테리어 역시 예술적이다. 인테리어도 예술적이라서 붉은 홀이라고 부르는 평의회실은 꼭 둘러볼만하다.

유럽에서도 가장 아름다운 홀로 벽에는 폴랑드르 화가Jan Vredman de Veries가 1596년 이후에 그린 7장의 훌륭한 그림이 장식되어 있다. 천장의 그림은 이삭 반 덴 블록Isaac Van den Blook의 첫 작품으로 당시의 폴란드, 프러시아, 그단스크, 리우아니아의 군대 모습이다. 벽면의 날로, 보석함 등의 장식품은 전부 16세기의 것이다. 시청사 위에는 전망대가 있어서 드우기 광장은 물론 구시가지에서 발트Baltic Sea해까지의 멋진 경치를 즐길 수 있다.

⌂ Dluga 46/47   📞 +48-512-418-751

옛 무기고
Great Armoury

황금의 문을 지나서 좁은 골목길을 왼
쪽으로 돌아가면 있는 플랑드르 르네
상스양식의 멋진 건물로 그단스크의
집들은 이 지붕을 모방했다고 한다.
제 2차 세계대전 때, 4개의 벽과 천장
의 일부를 남기고 파괴되어 1945년에
재건되었다. 1954년부터 미술 아카데
미의 교사로 이용하고 있다.

🌐 www.m.trojmiasto.pl　🏠 ul. Targ Weglowy 6 Piwna

들루가 광장
Dluga Square

구시가지의 중심이라고 할 만한 곳으
로 중세 귀족들의 거처가 늘어서 있어
수준높은 분위기가 감돌고 있다.
예부터 갖가지 제전을 열렸던 곳으로
현재는 관광객이 모이는 활기찬 광장
이다. 명물인 호박을 판매하는 노점상
과 카페가 줄지어 있다.

북유럽의 내해인 발트 해

스웨덴 · 덴마크 · 독일 · 폴란드 · 러시아 · 핀란드에 둘러싸여 있는 발트 해의 옛 이름은 호박의 산지로서 알려진 마레수에비쿰$^{Mare Suevicum}$, 독일어로는 동쪽 바다라는 뜻의 오스트제^{Ostsee}라고 불렀다. 스칸디나비아 반도와 유틀란트 반도에 의하여 북해와 갈라져 있지만 반도 사이의 스카케라크 해협과 카테가트 해협으로 바깥바다와 통한다.

북해(北海)의 연장선에 해당하는 바다로 덴마크 동부의 여러 해협 및 카테가트 해협으로 북해와 통하고 킬 운하로 연결된다. 러시아의 운하와 발트 해 운하로 백해로 배가 통하게 되었기 때문에 항상 발트 해를 둘러싸고 전쟁은 끊이지 않았다.

반도로 둘러싸여 있는 바다이기 때문에 염분이 적어서 동, 북부의 발트 해는 겨울 동안의 3~5개월 동안 얼게 된다. 발트 해는 섬들이 많아 다도해를 이루고 있는데, 주요 섬으로는 셀란 · 퓐 · 롤란 · 보른홀름(덴마크), 욀란드 · 고틀란드(스웨덴), 욀란드(핀란드), 히우마 · 사레마(러시아) 등이 있다.

어업은 활발하지 않으나, 발트 청어가 많이 잡히고, 그 밖에도 대구 · 송어 · 가자미 등이 잡힌다. 주요 항구로는 코펜하겐 · 스톡홀름 · 헬싱키 · 상트페테르부르크 · 리가 · 그단스크 · 킬 등이 있다.

넵튠의 분수
Neptune Fountain

드우기 광장의 한 부분인 시청사 바로 옆에 있다. 낮은 목책으로 둘러싸인 우아한 분수로 1633에 청동으로 만들었다. 해상 교통의 요충지로 발전해온 도시인만큼 상징도 바다의 신이다.

녹색의 문 지엘로나 브라마
Green Gate

두우기 광장에서 그단스크 항으로 쏟아지는 모트와바 운하 바로 앞에 초로의 문 지엘로나 브라마가 있다. 1568년에 건설하였으며 이탈리아 네덜란드 르네상스 양식의 건물이다. 왕궁의 일부로 사용된 적도 있다.

🏠 ul Dluga 📞 +48-58-301-7147

녹색문 안쪽

옛 항구
Old Port

발트 해로 이어지는 모트와바Motwaba 운하는 한자동맹이 눈부셨던 무렵부터 19세기까지 많은 배가 왕래하여 상당히 번화했었다. 그러나 배가 대형화되고 그디니아 항구가 더 중요해지면서 결국 한적한 도시가 되었다.
15~16세기에 모트와바Motwaba 운하 양쪽에 늘어선 창고들과 망루가 2곳인 고딕양식의 문 등이 있고 제로니 다리 부근에는 이곳의 명물인 호박을 파는 가게들이 많다.

목조 크레인과 해양박물관
The Crane, Maritime Museum

세계적으로도 희소가치가 있는 목조 크레인은 초록의 문에서 약 200m 북쪽에 있다. 그단스크가 영화를 구가하던 시절에 건설되었다. 해양박물관은 전부 3곳에 있다. 목조 크레인 북쪽에 인접한 박물관에서는 세계 각지의 전통적인 배를 전시하고 있다.

나머지 2곳인 해양 중앙 박물관과 선내 박물관은 모트와바^{Motwaba} 운하 건너편에 있고 전용 소형 배가 15분 간격으로 왕복한다. 해양 중앙 박물관은 다양한 전시품을 통해 그단스크를 중심으로 한 폴란드의 해양 산업 박전과 역사를 보여주고 있다.

제 2차 세계대전 후 폴란드에서 처음으로 만든 증기선은 총길이가 87m이다. 내부에는 최신 구명 기구와 항해 도구를 전시했으며 선실도 관람할 수 있다.

🏠 Ul.Szeroka 67/68   📞 +48–58–301–6938

성모 마리아 교회
St. Mary's Church

구시가지에 있는 드우가Dluga 거리에서 한 블록 북쪽인 피브나Pivna 거리에 있다. 벽돌로 지은 교회로는 세계 최대 규모이다. 1343년부터 1502년까지 약 160년에 걸쳐서 건설하였다. 고색창연한 제단과 15세기에 만들어진 천문시계와 성모상, 28개의 기둥이 떠받치고 있는 별모양의 원형천장 등 볼거리가 많다.

하늘을 찌르는 듯한 첨탑은 높이 78m로 거리에 정취를 더해주고 있다. 건물 자체는 제 2차 세계대전으로 한 번 파괴되었으나 스테인드글라스는 피해를 입지 않은 원본이다. 400개 이상의 계단을 직접 걸어 타워 꼭대기에 올라가면 그단스크의 아름다운 전망을 볼 수 있으나 금지되는 경우도 상당히 많다.

성모 마리아 교회 1997년 화재

1997년에 성모 마리아 교회(St. Mary's Church)의 화재로 성당의 많은 부분이 화재로 소실되었다. 전 세계에 뉴스로 전파될 정도로 심한 문화재 화재장면으로 지금도 소개되고 있을 정도이다. 그 때의 아픈 현장을 잊지 않고자 소방관의 도끼와 대들보가 교회 한편에 전시되어 있다.

🏠 Podkramarska 5　　📞 +48-58-301-3982

왕실 예배당
Royal Chapel

아담하지만 수려하고 우아한 왕실 예배당도 빼놓지 말고 돌아보면 된다. 1681년에 건축가 슈루라가 완성한 예배당으로 성모 마리아 교회에 인접했다. 슈루라는 후에 얀 소비에스키 왕의 주선으로 바르샤바, 베를린 등 각지에서 활약하며 명성을 얻었다.

🌐 www.bazylikamariacka.gdansk.pl　🏠 ul.Sw.Ducha 58　📞 +48-58-301-39-82

그다우네 미아스토
Glowne Miasto Pasta, Wine & More

직원들이 친절하고 내부 인테리어도 깔끔한 스타일로 따뜻하게 꾸며놓았다. 파스타가 플레이팅이 잘 되어 먹음직스럽다. 메뉴인 파스타와 디저트까지 주문하는 것이 일반적이어서 단품 메뉴만 주문하는 경우가 거의 없다.

빵도 거칠지 않고 안이 부드러워 한국인의 입에 맞고 같이 나온 버터와 곁들이면 더욱 맛있다. 시민은 크림 파스타를 추천해 주었다.

위치 Weglarska 1　　**시간** 12~21시　　**요금** 주 메뉴 25~60zl　　**전화** +48-791-255-355

자코르코바니 와인 비스트로
Zakorkowani Wine Bistro

식탁 위에 놓인 스테이크와 케익을 맛보면 전문 레스토랑처럼 느껴진다. 맥주나 와인과 같이 스테이크는 맛보면 좋을 것 같다. 폴란드 전통음식을 만들었다가 관광객을 대상으로 음식 메뉴를 바꾸고 소스도 다르게 변화시켜 관광객은 부담없이 즐길 수 있다.

위치 Chmielna 72/4　　**시간** 09~22시　　**요금** 주 메뉴 25~60zl　　**전화** +48-536-263-033

코르레제
Correze

해외 유명인사가 오면 한 번씩 찾는 최고급 레스토랑으로 알려져 있다. 폴란드 음식은 달고 짠 음식이 많지만 코르레제는 과하게 달고 짜지 않아 어떤 메뉴를 주문해도 맛있다는 이야기를 듣고야 마는 레스토랑이다.

빵의 종류부터 다양해 놀라고 스테이크는 부드럽게 목을 타고 넘어간다. 생선스테이크는 잘게 부서지지 않고 두툼하게 찍어 먹을 수 있는데 맛은 신선하다.

| 홈페이지 | www.correze.pl | 위치 | Stara Stocznia 2/7 | 시간 | 12~22시 |
| 요금 | 주 메뉴 35~70z | 전화 | +48-791-255-355 |

피에로기 만두 센트럼
Pierogarnia Mandu Centrum

폴란드의 대표적인 음식인 피에로기가 대한민국의 만두와 비슷한 폴란드식 만두이다. 이름부터 친근한 '만두'가 들어갔는데 대한민국 '만두'에서 이름을 따온 것이라고 한다. 피에로기 전문 레스토랑으로 피에로기 종류가 정말 다양하다.

첫 번째 메뉴가 우리나라의 만두로 주문하면 김치가 같이 나온다. 김치가 달기는 하지만 폴란드에서 먹는 김치와 만두가 반가울 것이다.

| 홈페이지 | www.pierogarnia-mandu.pl | 위치 | ul. Elzbietanska 4/8 | 시간 | 11~22시 |
| 요금 | 주 메뉴 25~60zl | 전화 | +48-58-300-0000 |

277

마치나
Machina Eats & Beats

우리가 평소에 먹던 파스타와 맥주를 생각했다면 기대감을 올려서 만족할 수 있다. 파스타가 다양한 유기농 재료와 어울리고 풍성한 크림은 입맛을 돋울 것이다. 맥주와 함께 같이 먹는다면 한 끼 식사로 추천한다.

홈페이지 www.machinaeats.pl **위치** Chlebnicka 13/16 **시간** 12~23시
요금 주 메뉴 15~50zł **전화** +48-58-717-4067

포메로 비스트로
Pomelo Bistro

폴란드식 정식을 주문하면 주스, 빵과 버터도 무료이다. 커피의 양은 적은 편이므로 다른 음료를 같이 주문하는 것이 좋다. 음식은 맛이 좋고 대부분은 맥주를 같이 주문한다.
오믈렛보다는 폴란드식 아침식사나 화이트 소시지 메뉴를 추천한다. 짠 폴란드 음식들이 많으니 참고해 주문하는 것이 좋으나 오믈렛은 간이 맞는 편이다.

위치 Ogarna 121/122 **시간** 09~21시 **요금** 주 메뉴 25~60zł **전화** +48-883-090-907

파밀리아 비스트로 카르바리
Familla Bistro Garbary

발트 해의 신선한 어류를 재료로 다양한 음식을 만들 수 있다는 사실을 알 수 있는 레스토랑이다. 친절한 직원과 서비스도 훌륭하며 다양한 음식에 폴란드의 맛을 가미했다는 이야기를 듣는 곳으로 고급화된 피에로기등의 폴란드 요리를 맛보고 싶다면 추천한다.

 위치 Garbary 2 / 4 Street  시간 11~23시 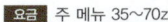 요금 주 메뉴 35~70zl 전화 +48-512-922-514

리츠 레스토랑
Ritz Restaurant

젊은 감각의 레스토랑으로 젊은이들이 주로 찾는 레스토랑이다. 전통 폴란드요리와 스테이크 등이 인기가 많은 주 메뉴로 가격도 25zl시작해 가격부담도 적다. 현대화되고 있는 그단스크에서 퓨전요리 입맛에 맞는 레스토랑으로 추천해주는 곳이다.

 위치 ul. Szafarnia 6 80-755  시간 13~22시  요금 주 메뉴 35~70zl 전화 +48-666-669-009

스칸딕 그단스크 호텔
Scandic Hotel

북유럽 스타일의 깔끔하고 단조로운 디자인으로 특징있는 소파에 벽난로와 갈색의 입구가 인상적이다. 마치 북유럽에 있는 듯 느끼지만 가격이 저렴해 발트해와 접해 있는 북유럽 관광객이 주 고객이다. 저렴한 숙소로 호텔의 만족도가 높고, 작은 호텔이지만 조식이 잘 나와 여행자들이 좋아한다.

위치 Podwale Grodzkie 9, 80-895 **요금** 트윈룸 58€~ **전화** +48-58-300-6000

어드미랄 호텔
Admiral Hotel

외진 곳도 아니지만 시끄러운 거리에서 약간 벗어나 있어서 조용한 호텔이다. 호텔에서 조금만 걸으면 강가가 나오기 때문에 산책하기 좋은 호텔이다. 친절한 직원과 룸도 크고 깨끗하여 인기가 높은 호텔이다.
가격도 저렴하여 여행자가 부담없이 선택할 수 있는 호텔로 알려져 있다. 이곳은 북유럽 문화인 사우나를 즐길 수 있어 겨울여행에 특히 추천하는 호텔이다. 폴란드 북부의 경제 중심지인 그단스크를 찾는 비즈니스 고객들이 많이 찾아온다.

위치 ul. Tobiasza 9, 80-837 **요금** 트윈룸 65€~ **전화** +48 58 320 0320

IBB 호텔 드루기 타르그
IBB Hotel Dlugi Targ

위치가 중앙역에서 약간 멀다는 단점에도 올드타운에 위치하여 관광을 하기에 좋은 위치이다. 숙소는 깨끗하며 룸 내부가 넓어 숙소를 편안하게 만들어준다.
조식도 좋고 영어로 의사소통이 가능한 친절한 직원까지 단점을 찾기 힘들어 가족단위의 여행자가 특히 좋아한다. 호텔의 홈페이지를 이용하면 5%의 할인을 받을 수 있다.

위치 Dlugi Targ 14-16, 80-828   **요금** 트윈룸 58€~   **전화** +48-58-300-6000

볼네 미아스토 호텔 올드 타운
Wolne Miasto Hotel Old Town

그단스크 중앙역에서 600m 정도 떨어져 있어 기차를 타고 이동한 여행자가 편리하게 이용할 수 있다. 유서 깊은 건물로 400년이 넘은 고풍스러운 디자인에 사우나까지 즐길 수 있고 가격도 매우 저렴하다.
기차역에서 가까워 여행용 가방을 들고 이동해야 하는 자유여행자에게 인기가 높은 호텔이다. 올드 타운까지는 약 15분 정도의 거리에 있어 호텔의 위치를 파악하고 관광을 하는 것이 어두워진 이후에 호텔을 찾기 쉽다.

위치 Swietego Ducha 2, 80-834   **요금** 트윈룸 41€~   **전화** +48-58-305-2255

호스텔 22
Hostel 22

2015년에 새로 오픈하여 최신 시설을 자랑하는 유명한 호스텔로 도미토리 룸이 아니고 싱글이나 트윈룸이 기본으로 제공된다. 그래서 저렴한 호텔과 마찬가지인데 단순한 내부 인테리어로 깨끗하게 이용할 수 있는 숙소이다. 올드 타운에서 500m 정도 거리로 가까워 여행하기에 좋아 많은 배낭여행자들이 찾는 호스텔이지만 호텔같은 시설을 가지고 있다.

위치 Panienska 22, 80-843　　**요금** 트윈룸 25€~　　**전화** +48-58-718-0617

호스텔 필립 2
Hostel Filip 2

올드 타운에서 3분 거리에 있는 인기 있는 호스텔이다. 새 건물에 만들어져 모든 것이 다 새것으로 이루어져 있고 욕실과 주방 모두 깨끗하다. 많은 젊은 여행자들이 찾는 호스텔로 올드타운, 중앙역, 마트 어디를 가도 가까워 안전하게 여행이 가능하다.

위치 ul. Aksamitna 2, 80-858　　**요금** 도미토리 룸 10€~, 트윈룸 25€~　　**전화** +48-500-866-050

그단스크 당일치기 투어

말보르크(Malbork)

말보르크Malbork는 그단스크 남동쪽으로 59㎞정도 떨어진 도시로 위풍당당한 중세 성채를 자랑하는 곳이다.

말보르크 성(Malbork Castle)
튜튼 기사단은 1276년 말보르크Malbork 성을 짓기 시작했으며 1309년 그들의 거점을 베네치아에서 말보르크Malbork로 옮겼다. 폴란드와 리투아니아 사이의 계속되던 영토 분쟁은 마침내 1410년 그룬발트Grunwald 전투로 이 성을 장악했다. 말보르크Malbork 성은 1997년 유네스코 세계 문화유산으로 지정되었다. 말보르크Malbork는 그단스크에서 당일치기로 다녀오거나 기차를 타고 가다 잠시 내려서 보는 방법이 있다.

올리바(Oliwa)

그단스크 중앙역의 교회전차전용 홈에서 그디니아 방면으로 가는 전차를 타면 약 20분 뒤에 올리바에 도착한다. 올리바 역에는 2곳의 출구가 있는데, 1번선 쪽에 있는 출구를 나와 역 앞 광장에서 똑바로 걸어가면 큰 도로가 나온다.
푸른 숲이 눈에 들어오는 이곳이 올리바 공원으로 올리바 주 교회는 안쪽에 있다. 올리바 주 교회의 역사는 1108년까지 거슬러 올라간다. 이곳에 수도원이 건설되고 1178년에 목조 교회가 건설되었다. 그 후 13세기에 들어서 러시아인이 개조하거나 화재로 소실되었다. 17세기에 개축하여 현재처럼 2개의 첨탑이 있는 바로크 양식으로 아름답게 변했다. 이 교회 안에 있는 파이프 오르간은 5,500개나 되는 크고 작은 파이프를 사용했다. 1755년에 세계에서 가장 아름다운 음색을 가진 오르간이라는 기록이 있을 정도로 유명했다. 깊고 부드러운 음색을 들으면 누구나 마음이 깨끗해지는 느낌을 받게 될 것이다. 여름이면 정오에 20분 정도 콘서트를 여는데, 아베마리아와 같은 성가와 베토벤의 곡 등을 연주한다. 콘서트가 끝나면 수도사가 바구니를 들고 돌아다닌다.

Poznań
포즈난

대극장
Teatr Wielki

포즈난 대학

문화궁전
Palac Kultury

1956년 6월기념비
June 1956 Events Monument

폴스키 극장
Teatr Polski

볼노시치 광장
Wolności

쇼핑센터

오르비스
ORBIS

성 마르친교회
Kościol Św. Marcina

카롤 마르친코프스키 공원
Park Karola Marcinkowsicgo

단브로프스키 공원
Park J. H.Dabrowskiego

포즈난 대

구 시
Ratu

구 시장광장

군사박
Wielkopo
Muzeum

Pa

바르샤바 | 3시간 소요 / 311km
브로츠와프 | 2시간 소요 / 165km
그단스크 | 3시간 30분 소요 / 313km
크라쿠프 | 7시간 소요 / 398km
토룬 | 2시간 소요 / 142km

바르샤바와 베를린을 잇는 유럽 동서교역의 중계지로 번영을 누린 도시이다. 폴란드의 초대국왕인 미에스코^{Miesko} 1세가 폴란드 왕국을 일으킨 곳으로 968~1039년까지 폴란드 왕국의 수도였던 도시이다. 상업도시로 발전한 포즈난은 현재 폴란드에서 5번째로 큰 산업 도시가 되었다. 중세의 역사적인 건축물이 남아있어 의외의 매력을 풍기는 도시이다.

한눈에
포즈난 파악하기

폴란드에서 포즈난(Poznan)은 어떤 이미지일까?

현재 대학도시로 명성을 얻으면서 흥미로운 박물관과 다양한 바, 클럽, 레스토랑이 즐비하다. 베를린과 바르샤바 사이에 위치하여 초기 폴란드 역사의 구심점이 되었던 곳이다.

9세기 경, 폴란드 인들은 오스트로브 툼스키^{Ostrow Tumski} 섬에 요새를 쌓기 시작했고 968~1038년까지 포즈난은 사실상 폴란드 수도의 역할을 담당했다. 정작 지역은 점차 섬을 넘어서면서 1253년에는 바르타^{Warta} 강 왼쪽 제방에 새로운 마을이 생겨나게 되었다.

15세기 경 포즈난은 시장으로 유명한 무역 도시가 되었으며 이 상업적 전통은 1925년 다시 부활되어 한 달에 몇 번씩 열린다. 지속적으로 열리는 시장은 도시의 경제, 문화생활을 지배하고 있으며, 수많은 관광객과 상인들을 이곳으로 끌어들이고 있다. 7~8월은 시장이 열리지 않는 조용한 시기로, 북적거림을 피하고 싶다면 이 시기를 추천한다.

포즈난이라는 도시 이름의 유래

18세기말 독일로 넘어가면서 독일식의 도시이름인 포젠^{Posen}으로 불렸다가 1차 세계대전이 끝나면서 폴란드로 합병되면서 폴란드식의 이름인 포즈난^{Poznan}으로 불리게 되었다.

비엘코폴스카(Wielkopolska)
비엘코폴스카는 '대 폴란드'라는 뜻으로 중세에 폴란드가 시작된 지역이다. 고대의 명성을 이어온 지역으로 역사와 문화를 간직한 유적들이 많다. 제2차 세계대전이 일어나면서 많이 파괴되었지만 전후 복구되어 지금은 폴란드의 경제의 중심으로 태어났다.

포즈난 역사

9~ 10세기	몰려온 슬라브족이 이 도시의 기원이다. 10세기 말에 폴란드 최대의 가톨릭 주교가 있었던 시기에 독일 기사단의 진출하면서 독일인이 많이 이주하였다. 점차 교통의 요충지로 발전하고, 한자 동맹에 가맹하면서 도시가 크게 발전했다.
17세기	30년 전쟁으로 도시가 황폐화되면서 쇠락하였고, 18세기에 일어난 대북방 전쟁으로 도시는 기능을 상실하였다.
18세기말	제2차 폴란드 분할로 프로이센에 병합되었지만 19세기 초에 나폴레옹이 세운 바르샤바 대공국으로 변화되었다. 나폴레옹의 몰락과 함께 생겨난 빈 체제로 복귀하면서 다시 프로이센 령으로 바뀌었다.
제 1, 2차 세계대전	폴란드의 독립과 폴란드 봉기(1918~1919)로 폴란드의 도시가 되었지만 1939년 제3제국의 폴란드 침공에 따라 1945년까지 나치 독일에 점령되었다. 제2차 세계대전 뒤에는 다시 폴란드 영토가 되었다.

포즈난 IN

바르샤바에서 직행열차가 매일 십여 편이 운행 중이다. 약 3시간이면 포즈난 중앙역에 도착할 수 있다. 구시가에서 기차역은 남서쪽으로 약 2㎞ 떨어져 있다.
버스터미널은 기차역에서 동쪽으로 걸어서 10분 거리에 있다.

중앙역에서 시내 IN

포즈난Poznan에 도착하는 기차는 중앙역에 내린다. 구시가까지 20분 정도의 거리에 위치해 있어 5번 트램을 타고 이동하면 편리하다.

시내교통

버스와 트램이 포즈난 대부분을 관통해 운행하고 있지만 트램이 더 많은 노선을 가지고 있다. 택시는 다른 유럽의 나라에 비해 비싸지는 않지만 도시가 작아 탈 일은 거의 없다.

▶트램

다른 폴란드의 도시처럼 트램이 도시 전체를 운행하고 있어 현지인의 발 역할을 하고 있다. 트램을 타고 요금을 직접 트램 내에서 구입할 수 있고, 종류는 10(1.8zł), 30(2.8zł), 60(4.2zł), 90분(5.4zł)권, 1일 권(11.2zł)이 있다.

한눈에
포즈난 파악 하기

트램은 동서로 뻗은 번화가인 성 마르친St. Marchin 거리를 지나 대형 쇼핑센터가 나오는 광장이 볼노스치 광장pl. Wolnosci이다. 이 광장은 레스토랑이 줄지어 있어 쉽게 찾을 수 있다. 국립미술관 옆을 따라 동쪽으로 이동하면 구시장 광장이 나온다. 광장 중앙에는 박물관과 카페로 꾸며진 신구빌딩이 있다. 구시가지의 동쪽에는 포즈난의 발상지인 바르타Walta 강이 흐르고 강 가운데의 모래톱에 교회가 있다.

비엘코폴스카 주에 속한 포즈난에는 약 550,000명이 살고 있다. 인근 도시인 뤼본에서 북동쪽 방향으로 8㎞ 정도 거리에 있으며, 수도인 바르샤바에서 서쪽 방향으로 약 280㎞ 떨어져 있다. 포즈난 시타델에서 바쁜 일상은 잠시 잊고 지친 마음을 충전하고 해가 지면 말타 호수의 풍경을 만끽하며 더 없이 운치 있는 일상을 즐겨보자. 도시의 주민들이 서로 만나 쏟아지는 햇빛을 즐길 수 있는 구시가 광장과 스타리 리넥은 꼭 방문해야 하는 장소이다.

포즈난에는 가족 모두 신나는 추억을 만들 수 있는 말타 스키장과 아쿠아 파크 테르미말탄

스키에 등 가족들이 즐길 거리가 많은 도시이다. 포즈난 동물원에 방문하면 가족과 함께 다양한 동물을 구경하면서 즐거운 시간을 보낼 수 있다. 동물과 소통할 수 있는 먹이 주기 체험 시간은 미리 확인하는 게 좋다.

문화적 매력을 체험할 수 있는 명소인 악기 박물관을 방문해 전시관 관람을 해보자. 포즈난 고고학 박물관에 전시된 모형과 표본을 관람하며 미처 알지 못했던 세상을 알아보는 시간을 가질 수 있다. 예술 작품에 관심이 많다면 포즈난 국립 박물관과 갤러리아 몰타에서 작품을 둘러볼 수 있다. 포즈난 역사박물관과 로갈로베 박물관은 많이 찾는 역사박물관이다.

부유하고 찬란했던 과거의 모습을 알 수 있는 역사적 명소를 방문하고 아담 미츠키에비츠 대학교와 콜리지움 마이우스부터 여행을 시작해 보자. 포즈난 시청과 프란게르 오브 포즈난에도 지역의 역사와 관련된 볼거리가 가득하다. 궁전은 호화로운 외관과 잘 관리된 정원 등 볼거리가 많은 인기 관광지이다. 동화에 나올 법한 모습으로 유명한 임페리얼 캐슬, 지알린스키 궁이 있다.

포즈난의 가톨릭을 경험할 수 있는 성 스타니슬라우스 코스트카 교구, 프란치스칸 교회, 성 요한과 성 바오로의 아치 카테드랄 예배당 같은 곳이 있다. 포즈난 필하모닉, 폴란드 극장, 포즈난 그랜드 극장, 폴란드 무용 극장 등은 주민과 여행자 모두에게 인기 있는 문화의 장소이다. 스타리 브로와르 쇼핑 아트 센터, M1 쇼핑센터 등의 쇼핑 공간에서 다양한 기념품을 구매할 수 있다.

구시가 광장
Stary Rynek

역사가 깊은 활기찬 분위기의 광장을 둘러싸
고 있는 그림 같은 건물들이 있다. 중앙 광장은
폴란드에서 가장 큰 광장이자 중부 유럽에서
가장 아름다운 광장으로 알려져 있다. 광장을
둘러싸고 있는 예쁜 건물들을 보고, 그림 같은
레스토랑 테라스에 앉아 음료를 즐기며 라이
브 거리 음악을 감상하면서 여행의 피로를 풀

수 있다. 저녁에는 아름다운 조각상과 건물에 불이 밝혀져 장관을 이룬다.

광장은 13세기 중반에 처음 세워졌으나, 제2차 세계대전 당시 대부분이 파괴되었다. 오늘
날 광장을 둘러싸고 있는 건물들은 바로크와 르네상스 시대의 건물들을 정교하게 재건해
놓은 것이다.

시청 옆에 위치한 16세기 처형장이 있다. 과거에 공개적으로 처벌과 채찍질이 거행되었던 곳이 지금은 만남의 장소로 사용되고 있다. 시청 뒤편에 자리 잡고 있는 '도시의 저울'인 시티 스케일 건물에는 과거에 시장으로 출시되는 상품의 무게를 재는 데 사용된 장비가 보관되어 있다. 중앙 광장은 바르타 강 서쪽에 위치하고 있다.

Stary Rynek 43번지
포즈난에서 가장 오래된 약국이 자리 잡고 있다. 약국은 1564년부터 현재의 위치에서 영업을 시작했다.

Stary Rynek 48번지
16세기에 시장 관저로 사용한 건물은 포즈난에서 가장 오래된 고딕양식 지하저장고가 있다.

Stary Rynek 50번지
정교한 고딕 양식 파사드를 볼 수 있다. 작센 주의 아우구스투스 2세가 술에 취해 이 건물의 창을 통해 떨어졌는데, 지붕 덕분에 목숨을 구할 수 있었다고 한다.

Stary Rynek 52번지
아름다운 르네상스 양식 건물은 '늑대인간'이라고 알려진 무역상이 소유했었다고 한다.

여름 거리축제(6월)
중앙 광장을 방문하기에 가장 좋은 시기로 여러 바(Bar)에서 광장에 맥주 가든을 차려 놓는다. 광장 주변의 레스토랑에 들러 폴란드 요리인 만두, 피에로(Pierogi)나 수프, 보르시치(Borscht)를 먹을 수 있다.

국립박물관
National Museum

구시장 광장Stary Rynek에서 왼쪽으로 국립 미술관이 서 있다. 중세 교회 목각품, 폴란드 및 다른 유럽국 회화 등을 비롯한 전형적인 미술 작품(입구마다 그림에 대한 설명을 영어로 들을 수 있음)들을 소장하고 있다.

우리에게 다소 낯선 폴란드 회화를 볼 수 있는 좋은 기회이기도 하다. 내부의 각 방에는 네덜란드, 스페인 회화도 같이 전시되어 있다.

🌐 www.mnp.art.pl 🏠 Marcinkowskiego 9 🕐 11~18시 📞 +48-61-856-8000

🌐 www.mnp.art.pl 🏠 Stary Rynek 1 📞 +48-61-856-8193

구 시청사
Ratusz / Town Hall

유서 깊은 건물에 자리 잡고 있는 박물관을 관람하고, 정오가 되면 펼쳐지는 재미있는 거리 공연도 볼 수 있는 곳이다. 포즈난 시청은 13세기 초기에 건립된 아름다운 르네상스 양식 건물이다. 10세기부터 현재까지 이르는 포즈난의 역사를 보존하고 있는 포즈난 역사박물관이 시청사 안에 있다. 매일 정오가 되면 서로 뿔을 들이받는 기계식 염소의 모습도 볼 수 있다.

14세기에 처음 지어진 시청 건물은 1500년대에 이탈리아 건축가 '지오반니 바티스타 디 콰드로'에 의해 재설계되었다. 최초의 건물은 화재와 허리케인과 폭탄 등 많은 재해로 인해 거의 남아 있지 않다. 시청은 알프스 북쪽에서 가장 아름다운 건물로 여겨졌던 르네상스 시대의 모습으로 재건되었다. 높다란 첨탑 위에 앉아 있는 왕관을 쓴 독수리는 폴란드의 문장을 상징한다.

시계의 전설

정오가 되면 시계 위에서 1954년에 제작된 철로 만든 두 마리의 염소가 모습을 드러낸다. 서로의 뿔을 들이받는데, 이는 1551년부터 거행되어 온 구경거리이다. 염소들을 둘러싼 갖가지 전설이 다양하다.

새롭게 제작된 시계를 기념하기 위한 만찬 요리를 위해 2마리의 염소가 준비되었는데, 잡기 직전에 탈출했다는 이야기가 가장 유명하다. 염소들은 손님들 앞에서 서로 뿔을 들이받았고, 결과적으로 시계 제작자에게 염소들의 이미지를 제작하라는 명령이 내려졌다고 한다.

역사 박물관
Historical Museum of Poznań

시청 내부에 있는 역사박물관은 포즈난^{Poznań}의 역사를 잘 보여주는 대표적인 박물관이다. 역사를 싫어하는 관광객이라도 건물 내부의 장식을 감상하는 것으로도 입장료는 아깝지 않을 것이다. 고딕 양식의 지하저장고는 최초의 건물 상태 그대로 지금까지 사용하고 있다. 한때 감옥으로 사용되기도 한 장소이다.

시청의 초기 고딕 구역에 자리 잡은 포즈난 역사박물관에는 포즈난의 문장으로 장식된 16세기 탁상시계부터 나치 점령 당시, 나치 문양으로 장식된 건물을 촬영한 20세기 사진까지 다양하다. 중앙 홀에서 고개를 들면 2개의 거대한 기둥 위에 얹어진 천장 장식을 볼 수 있다. 홀은 성서와 신화, 천문학에 의해 영감을 받아 사자와 그리핀, 독수리 등으로 장식된 르네상스 양식의 예술 작품으로 되어 있다.

🌐 www.mnp.art.pl　🏠 Stary Rynek 1　🕐 10~17시(월요일 휴관)　💰 9zł (토요일 입장료 무료)
📞 +48-61-856-8000

포즈난 대성당
Cathedral of Poznań

10세기까지 거슬러 올라가는 오랜 역사를 자랑하는 성당은 폴란드에서 가장 중요하게 여겨지는 종교 유적지이다. 포즈난 성당의 정확한 이름은 '성 요한과 성 바오로의 아치 성당 예배당'이다. 이곳은 폴란드에서 가장 오래된 성당이자 폴란드의 과거 통치자들이 잠들어 있는 곳이다. 성당에 보존되어 있는 진귀한 예술 작품과 유물들을 둘러보고, 지하실에서 과거에 이 부지에 세워졌던 초기 로마네스크 양식 건물의 잔해를 감상할 수 있다.

성당은 968년도에 최초로 지어진 다음 파괴되었고, 이후 오랜 세월 동안 여러 차례의 재건 작업이 거듭되었다. 1945년 포즈난 주 해방 전투 당시 많은 부분 파괴되었고, 이후 대규모 화재로 인해 초기 고딕 양식요소들이 발굴되었다. 덕분에 오늘날 볼 수 있는 고딕 양식건물이 탄생하게 되었다. 전면 파사드의 고딕 양식 정문을 통과할 때는 성 요한과 성 바오로의 생애를 그리고 있는 청동 문을 찾을 수 있다.

🌐 www.katedra.archpoznan.pl 🏠 Ostrow Tumski 17 📞 +48-61-852-9642

내부
12개의 예배당으로 둘러싸여 있다. 성찬 예배당에서 고르카 일가와 베네딕트 이즈비엔스키 주교의 르네상스 시대 비석이 있다. 황금 예배당에는 폴란드 초기 왕인 미에슈코 1세와 볼스로 크로브리의 석관이 모셔져 있다. 독일 조각가 크리스티안 라우흐에 의해 19세기에 제작된 2개의 왕 조각상도 볼 수 있다. 여러 개의 패널로 이루어진 전개식 제단화는 14명의 여성 천사들로 둘러싸인 성모 마리아를 그리고 있다. 성당 곳곳에서 기둥과 예배당 벽 위에 얹혀 있는 고딕 양식 및 초기 르네상스 양식의 청동 무덤 판석은 헤르만 피셔와 페테르 피셔가 공동으로 제작했다.

지하실
로마네스크 전 시대와 로마네스크 양식 성당의 잔해를 볼 수 있다. 10세기에 제작된 세례 반은 폴란드 1대 왕에게 세례를 줄 때 사용되었다고 전해진다.

문화 궁전
Palace of Culture

프로이센의 빌헬름 2세의 거처로 사용된 궁전은 독일 로마네스크 양식으로 건설했다가 현재 포즈난 문화센터의 소유로 기획전을 개최하는 문화의 중심역할을 하고 있다.

🌐 www.ckzmek.pl
🏠 ul. Swiety Marcin 80/82
🕐 10~17시
📞 +48-61-646-5200

바로크 교구 교회
Fara Church / Parish Church

구시가 광장에서 두 블록을 남쪽으로 내려가면 분홍색의 커다란 교회가 나온다. 수수한 외관에 쉽게 지나쳐갈 수 있는 교회로 겉모양에서는 교회로 인식되지 않을 수 있다. 그러나 내부로 들어선 순간 반전 이미지를 심어주는 교회이다.
동유럽의 교회에서 이탈리아의 화려한 내부를 가졌다. 나무인 듯 착각하게 만드는 대리석 기둥이 당신의 마음을 빼앗을 것이다. 현지인들이 미사를 참여하고 있기 때문에 조용히 보고 나오는 것이 좋다.

🌐 www.fara.archpoznan.pl ✝ Klasztorna 11, 61-779 Poznan 📞 +48-61-852-6950

아담 미츠키에비치 대학
Adam Mickiewicz University

포즈난을 대학도시로 인식하도록 만든, 가장 아름다운 건물을 가진 아담 미츠키에비치 대학Adam Mickiewicz University에는 19세기풍의 건물이 주위를 둘러싸고 있다.
대학교 옆의 넓고 녹음이 우거진 공원은 1956년 공산당 정권 아래 처음으로 일어난 민중 폭동인 포즈난 폭동 기념비가 있다. 노동자들의 험난한 싸움을 상징하는 콘크리트로 만든 커다란 2개의 기념비가 서있다.

🌐 www.amuedu.pl   🏠 ul. Henryka Wieniawskiego 1   📞 +48-61-829-4000

1956년 6월기념비
June 1956 Events Monument

대학교 건물을 보고 나와 분수대가 있는 큰 정원을 둘러보면 나온다. 1956년 폴란드의 소련에 대항해 싸운 폴란드인들을 기리기 위해 만든 조형물이다. 대한민국의 독립운동을 한 열사들을 기리기 위해 만든 조형물과 같은 개념으로 바라보면 이해가 쉽다.

🏠 Mickiewicz Square
📞 +48-61-646-3344

299

보타닉 가든
Botanical Gardens

도시의 외곽에 위치한 보타닉 가 든Botanical Gardens은 정비가 잘 되어 있어 시민들의 휴식처역할을 하 고 있다. 날씨가 좋다면 벤치에 앉아 책을 보거나 가족단위로 즐 기고 있는 사람들을 쉽게 볼 수 있다. 상당히 깨끗하고 조용히 책 을 볼 수 있는 정원이다.

🏠 ul. Jana Henryka Dabrowskiego 165
📞 +48-61-829-2013

말타 호수
Malta Lake

포즈난 주민들이 사랑하는 호수에서 시민들이 휴식과 놀이를 즐기는 모습을 볼 수 있다. 인공 호수인 말타 호수에서는 가족 여행객에게 적합한 각종 명소와 활동을 즐길 수 있다. 여름에는 호숫가에서 미니 골프와 일광욕을 즐기고, 자전거를 탈 수 있고, 겨울에는 실내 스케이트장에서 스케이트를 타고, 썰매를 즐길 수 있다. 인근에는 폴란드 최대의 동물원과 아쿠아 파크, 수영장이 자리하고 있다.

1950년대에 조성된 말타 호수는 시비나 강에 댐을 건설하여 만들어졌다. 둘레가 5.6km에 달하는 호수는 조깅과 자전거를 즐기는 사람들이 즐겨 찾는 장소이다. 호수 주변을 거닐며 피크닉하기 좋은 장소이다.

호수 남쪽에는 인공 스키 슬로프가 조성되어 있다. 연중 언제든지 장비를 대여하여 스키를 즐길 수 있다. 바로 옆에는 레이싱 레인과 18홀 미니 골프 코스도 있다. 말타 호수 동쪽에 있는 폴란드 최대 규모의 포즈난 신 동물원에는 2천 마리가 넘는 동물들이 살고 있다. 소나무를 비롯한 각종 나무로 이루어진 숲은 260여 종의 동물들이 살 수 있는 자연 서식지 역할을 한다. 동물원을 걸어서 둘러봐도 좋고, 연중 운행되는 미니 레일을 타고 구경하는 것도 좋다.

1800년대 후반에 프로이센군에 의해 제작된 포트 3 요새도 볼 수 있다. 호수 북쪽에는 스파 컴플렉스, 워터파크, 수영장으로 이루어진 테르미말탄스키에가 있다. 지하 온천수에 몸을 담그고 피로를 풀고, 파도 풀에서 수영을 즐기거나 알록달록한 워터 슬라이드를 타고 즐긴다. 호수에는 보트 경주, 카약 경주, 조정 대회가 자주 열린다. 말타 국제 연극 축제가 열리는 6월 에는 야외 공연을 즐길 수 있다.

🏠 ul. Abpa. Antoniego Baraniaka 8, 트램, 버스로 2km 이동 📞 +48-61-658-1022

스타리 브로와르 쇼핑아트센터
Stary Browar Shopping Art Center

아름다운 예술 작품이 상점들을 장식하고 있는 혁신적인 스타리 브로와르 쇼핑아트센터 Stary Browar Shopping Art Center는 19세기 양조장을 개조하여 만든 독창적인 쇼핑센터이다. 하루 방문객이 4만여 명에 이르는 쇼핑센터에 200개가 넘는 상점, 30개에 가까운 레스토랑, 카페, 극장과 콘서트홀, 전시관, 영화관, 호텔과 공원으로 이루어져 있다. 쇼핑을 좋아하지 않아도 충분히 즐길 거리를 찾아볼 수 있다.

1844년에 지어진 건물에는 1980년까지 맥주가 생산되었던 허그로 양조장이 자리 잡고 있었다. 오늘날 볼 수 있는 건물의 형태는 과거 양조장의 모습이 포함되어 있다. 수상 경력에 빛나는 건물은 벽돌, 유리, 산업용 강철 등의 자재를 사용하여 전통적이면서도 현대적인 독특한 분위기를 자아낸다. 총 10만㎢에 달하는 부지는 상점과 예술 공간으로 거의 동등하게 나뉘어져 있다. 거대한 쇼핑센터를 둘러보며 양조장이었던 과거를 기억하는 기념물을 볼 수 있다. 곳곳에 오래된 현판을 비롯한 흥미로운 인테리어 요소를 볼 수 있다.
구 양조장 쇼핑 지구Stary Browar Sklepy라 불리는 상업지역은 2채의 건물에 걸쳐 있다. VAN GRAAF 디자이너 상점과 알마 고메 델리카트슨을 비롯한 고급 브랜드와 서점을 포함해 다양한 상점들이 있다.

예술 마당Dziedziniec Sztuki이라고 불리는 문화 구역을 둘러보면 연중 실험 영화 상영에서 현대 예술 전시에 이르는 각종 문화 행사가 개최된다. 공원에는 정기적으로 열리는 태극권이나 요가 등의 무료수업에 참여할 수 있다. 폴란드 전통 요리에서 중국음식까지 다양한 요리를 맛볼 수 있는 거대한 식당에서 식사나 가벼운 간식을 즐길 수 있다.

🏠 ul. Aleje Solidarnosci 47, 구 시장 광장 남쪽으로 750m 🕐 10~22시 📞 +48-61-667-3670

무가
Muga Restauracja

포즈난의 깔끔한 카페가 맛집을 찾는 여행자의 마음을 훔치고 있다. 정갈하게 나오는 음식이 식욕을 자극하고, 식사를 하고 나서 먹는 디저트는 특히 여성들을 통해 유명세를 타고 있다.

폴란드에서 와인과 함께 즐기는 레스토랑이 다른 유럽국가에 비해 적은 데 무가 레스토랑 Muga Restauracja은 내부 인테리어부터 사로잡는다.

`홈페이지` www.restauracjamuga.pl `위치` ul. Boleslawa Krysiewicza 5 `시간` 17~22시

`요금` 주 메뉴 25~60zl `전화` +48-61-855-1035

나 윙클루
Na Winklu

폴란드 전통음식인 피에로기를 다양한 형태로 만들어내는 레스토랑이다. 폴란드 서민 음식인 피에로기의 격을 한층 올리고 와인과 함께 고급스러운 분위기로 외국인 여행자에게 먼저 입소문이 난 곳이다. 튀기로 찌고 다양한 야채와 담아낸 피에로기에서 이렇게 다양한 음식이 나올 수 있다는 사실에 감탄한다.

`위치` Srodka 1 `시간` 12~21시 `요금` 주 메뉴 25~60z `전화` +48-796-145-004

팻 밥 버거
Fat Bob Burger

포즈난에는 버거^{Burger}를 파는 전문점이 많지 않다. 물론 우리가 아는 맥도날드나 버거킹도 있지만 익히 아는 대형 패스트푸드이기 때문에 버거^{Burger}의 고급화를 대표하는 버거 전문점은 많지 않다.

미국식의 칼로리가 높은 버거와 감자튀김을 보면 혼자서는 다 먹을 수 없다는 생각을 할 수도 있다. 세련된 내부 인테리어인데 저렴한 가격으로 관광객에게 인기를 끌고 있다.

위치 ul. Kramarska 21/2 Wielkopolskie   **시간** 13~22시   **요금** 주 메뉴 15~40zl   **전화** +48-794-939-333

피가로
Figaro

현지인이 추천하는 맛집으로 치킨, 조개, 오징어, 치즈 허브를 넣은 스프를 추천했다. 폴란드의 치킨 수프도주문하였으나 맛은 좋지 않았다.

양고기나 버섯 등을 넣어 만든 스테이크와 생선요리가 인기 메뉴이다. 12~14시까지 점심 할인을 이용하면 저렴하게 먹을 수 있다.

위치 ul. Ogrodowa 17   **시간** 13~23시   **요금** 주 메뉴 25~60zl   **전화** +48-61-852-0816

라추조바
Ratuszova Restaurant

유럽 관광객에게 특히 인기가 높은 고급레스토랑이다. 폴란드 요리를 건강식으로 만들어
내는 현지인이 추천하는 맛집이다. 폴란드 요리의 국제화를 이루어 짜지 않고 생선요리는
인기메뉴이다. 양고기나 버섯 등을 넣어 스테이크에 맥주를 함께 마시면 부드러운 스테이
크를 즐길 수 있다.

`위치` Old Market Square 55 　`시간` 13~23시 　`요금` 주 메뉴 25~80zl 　`전화` +48-61-851-0513

올리비오
Olivio

정통 이탈리아 음식인 피자와 함께 맥주를 상쾌하게 마실 수 있다. 특히 여름에 구시가지
를 여행하다가 골목길에서 쉬면서 먹을 수 있는 좋은 장소이다. 다만 가격은 조금 비싼 편
이다.
파스타와 피자가 주 메뉴이며 디저트까지 같이 친구나 연인과 함께 즐기기에 좋다. 때로는
보드카와 주스, 시럽을 만든 맛보다는 눈으로 마시는 칵테일을 마실 수 있다.

`위치` ul. Swietoslawska 11 　`시간` 12~22시 　`요금` 주 메뉴 25~80zl 　`전화` +48-61-670-3447

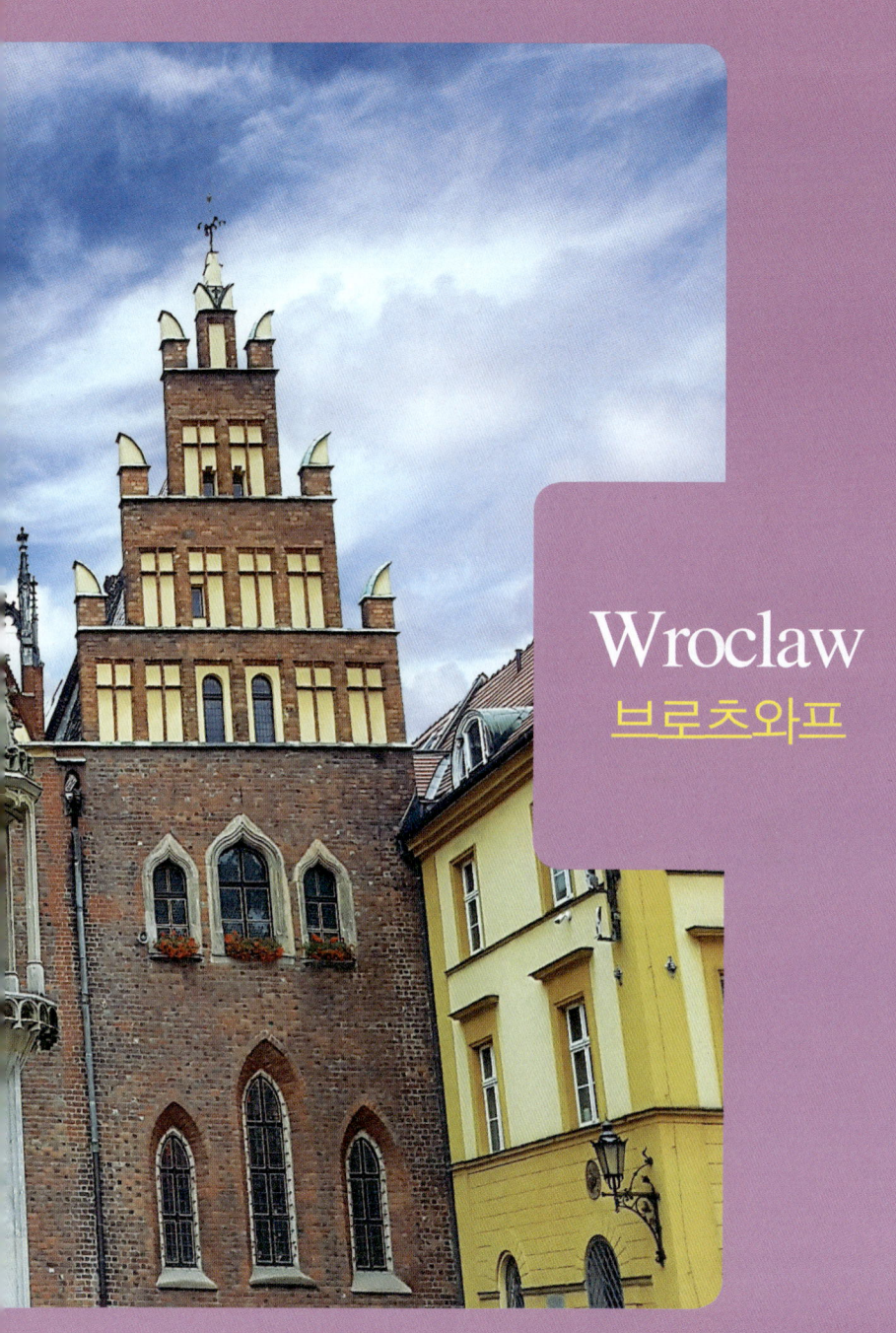

Wroclaw
브로츠와프

성 십자가
Kościoł Sw

성 안
Kate
Jana

사상의 성처녀 교회
Kościoł MNP na Piasku

오드리강

브로츠와프대학
Uniwersytet Wroclawski

성 엘리자베스 교회
Church of Elizabeth

Nowy Swiat

성 빈센트 교회
Kościoł Św. Wincentego

시장의 홀
Hala Targowa

구시가지

성 엘즈베티 교회
Kościoł Św.Elzbiety

Kuźnicza

Szewsku

Kotlarska

파노라마 라츠와비츠카 민족 박물관
Muzeum Narodowe Wrocławiu
Oddział Panorama Racławicka

역사박물관
Muzeum Historyczne

Psie Budy

성 알베르트 교회
Kościoł Św. Wojciecha

마리 막달레니 교회
Kościoł Św.M. Magdaleny

시청사
Ratusz

오르비스
ORBIS

Olawska

고고학 박물관
Muzeum Architektury

체신 박물
Muzeum Po
i Telekomunik

시나고고
Synagoga

역사민족박물관
Muzeum Archeologicane
i Etnografitczne

성 도로시 교회
Kościoł Św. Doroty

성 트르지스토파 교회
Kościoł Św. Krzysztorfa

보르노시치 광장

Podwale

Menniczo

P. Skargi

Podwale

Z. Krasińskiego

Lakowa

오페라 극장
Opera Dolnoslaska

Teatralna

구시가지 공원

Podwale

백화점
Centrum

Crysta

타데우시
코시추시코 광장

H. Kollatoja

Gen. K. Kniaziewicza

Holiday Inn
Wroclaw

Polonia

Europejski

Piast

Dwercowa

Taadeusza Kościuszki

브로츠와프
중앙역

폴란드 내에서 매우 이국적인 느낌을 주는 도시이다. 폴란드와 체코, 독일 문화권의 교차로인 실레지아의 중심도시이다. 독일과 체코 접경지역에 위치한 브로츠와프는 폴란드 서부 최대 도시로서 예로부터 공업의 중심지로 발전했으며 2016년 EU가 선정한 '유럽 문화의 수도'이자 유네스코가 선정한 '세계 책의 수도'이기도 하다.

오드라 강을 끼고 발생한 브로츠와프 도시는 실레지아 지방의 중심지로 성장했다. 오드라 강을 잇는 다리인 모스트 포코유^{Most Pokoju}를 건너보면 브로츠와프를 확실히 알 수 있다. 이 도시의 요람인 오스트로프 툼스키^{Ostrow Tumski} 지역은 8세기경부터 사람들이 거주했던 곳으로 이 지역의 중앙에는 2개의 탑이 높이 솟은 고딕 성당이 있다.

한눈에 보는
브로츠와프 역사

6세기에 슬라브인의 거주지가 발생했다는 기록이 남아있다. 13세기에 몽고, 14세기에 보헤미아, 그 이후에는 1944년까지 합스부르크 왕국의 지배를 받았다. 복잡한 지배를 받은 만큼 다양한 문화유산이 풍부해 박물관, 교회도 다양한 스타일이 즐비하다.
실레지아는 오스트리아와 프러시아 지배 하에서 있던 도시였다. 1차 세계대전 후 폴란드 민족주의자의 봉기로 실레지아 북부 상당 부분이 폴란드에 합병되었고, 남은 실레지아 지역은 2차 세계대전 후 소련에게 점령된 폴란드 동부 지역 주민들이 이주하면서 폴란드 영토가 되었다.
1945년 폴란드에 반환될 당시 브로츠와프^{Wroclaw}의 상태는 최악이었다. 2차 세계대전이 막바지로 치달을 무렵 나치는 81일 동안 이곳을 장악하면서 시의 70%를 파괴하였고 1945년 5월 2일 베를린이 함락될 때야 비로소 항복하고 말았다.
현재의 브로츠와프^{Wroclaw}는 아름답고 재건된 구 시장 광장과 강변에 모여 있는 예쁜 교회들, 다양한 문화 공연으로 활기찬 도시가 되었다.

브로츠와프 IN

비행기

하루에 4~6편이 수도인 바르샤바(요일에 따라 운항수가 다름)에서 운행하고 있다. 60~70분정도 소요된다.

기차 / 버스

기차는 11편의 직행과 완행이 바르샤바 중앙역에서 출발해 3시간 45분~6시간 30분 정도가 소요된다. 크라쿠프에서 13편의 기차가 운행하고 있으며 3시간 45분~4시간 45분이 소요된다. 버스는 폴스키^{Polski} 익스프레스와 플릭스버스^{Flix Bus}가 하루에 2편이 운행하며 6~7시간 30분이 소요된다.

중앙역

규모가 큰 중앙역은 다양한 상점이 입점해 있어서 도시 내에서 찾기 힘든 장소는 중앙역에서 찾는 것이 수월하다. 오래된 청사 내에는 연결통로로 기차의 선로와 연결되어 있다. 중앙역에서 왼쪽으로 돌면 폴스키 버스를 탈 수 있는 버스터미널이 나온다.

폴란드 도시와 다른 역사적 특징

그단스크, 바르샤바, 크라쿠프에 비해 브로츠와프는 폴란드의 주요 도시 중에서 역사적으로 폴란드인의 지배를 받은 기간이 짧은 도시다. 초기 약 300여년을 제외하면 이 도시는 줄곧 체코인(중~근세)과 독일인(근세~근현대)의 도시였고, 2차 세계대전 후 약 600여 년 만에 폴란드에 다시 귀속되었다.

국내공항에서 시내 IN

406번 버스가 중앙역에서 25분정도 소요되어 공항까지 이동한다. 다만 버스의 운행 간격이 30분정도이기 때문에 급한 경우에는 택시를 이용하는 것이 좋다.(약 10분 소요)

시내교통

다른 폴란드의 도시와 마찬가지로 버스와 트램이 운행하고 있다. 자동판매기에서 구입하면 3.2zł이기 때문에 조금 저렴하다. 운전사에게도 구입할 수 있지만 4zł이기 때문에 사전에 1회권을 사전에 구입하는 것이 좋다.

관광객의 숙소는 리넥 광장과 가까운 위치에 예약을 하는 것이 좋다. 대부분의 관광지는 광장을 중심으로 모여 있으므로 걸어 다닐 수 있는 위치를 확인하는 것이 여행을 하기에 편리하다.

한눈에
브로츠와프 이해하기

브로츠와프 중앙역의 정면에는 광장과 로터리로 이어져 제프 피우스츠키Marsz. Jozefa Pilsudskiego 거리가 있다. 역 정면 출입구를 나오면 광장을 지나 요제프 피우스츠키Jozef Pilsudskiego 거리에서 왼쪽으로 나오면 홀리데이 인Holiday Inn이 나온다. 여기서 오른쪽으로 돌면 시비드니츠카 거리와 타데우시 코시츄시코 광장pl. Tadeusza Kosciuzki이 나온다. 이 광장이 백화점과 카페가 즐비한 번화가이다.

북쪽으로 가다 카지미에즈 왕 거리와 교차하는 곳에서 지하로 들어가 맞은 편에서 올라가면 중세의 정취를 느낄 수 있다. 똑바로 직진하면 구 시장 광장Stary Rynek이 나오는데 13세기에 고딕양식으로 지은 시청사가 있다.

오드라 강이 있는 다리를 건너면 폴란드어로 섬이라는 뜻의 오스트로프 툼스키에 도착할 수 있다.

시내 곳곳에 흩어져 있는 난쟁이들

브로츠와프 광장의 재미는. 골목골목 숨겨져 있는 작은 난쟁이 조각상을 찾는 것이다. 앙증맞고 익살스러운 난쟁이를 찾는 매력에 푹 빠져 버리게 된다.

브로츠와프는 우리에게 생소한 도시이지만 난쟁이 도시로 유명하다. 관광객의 즐거움 중에 가장 큰 것은 아마 시내 곳곳에 흩어져 있는 작은 난쟁이를 찾는 것일 것이다. 판타지나 게임, 만화 등에 나오는 1m보다 작은 턱수염을 가진 난쟁이 도시는 여행자의 호기심을 자극하는 도시로 인기 급상승 중이다.

난쟁이 동상이 설치된 것은 1980년 중반에 반공산주의 운동단체인 '오렌지 얼터너티브'가 공산주의를 조롱하는 평화적 시위의 일환으로 난쟁이 상징을 사용하면서

Życzliwek WrocLovek Więziennik Gołębnik Obieżyśmak Grajek i Meloman

부터 동상이 세워졌다고 한다. 2005년부터 작은 난쟁이동상은 대장장이, 세공사, 소방수, 죄수, 도둑, 등 장인으로 활약하는 드워프(난쟁이)의 도시로 거리 곳곳에 설치되어 공업이 발달한 도시 브로츠와프를 관광도시로 탈바꿈시키고 있다. 아기자기한 건축물과 각양각색의 난쟁이 동상이 환상적으로 어울리며 판타지 세계로 안내하고 있다. 400여개가 도시 곳곳에 자리 잡고 브로츠와프 거리에 활기를 불어넣고 있다. 가장 최근에 세워진 것은 '빈센트'라는 이름을 가진 난쟁이 동상이다.

구 시청사
Ratusz / Town Hall

1290~1504년까지 조금씩 높게 지어진 시청사는 중세 시대를 대표하는 구 시장 광장^{Rynek Square}의 상징이다. 13세기 중반에 사람들이 모여들기 시작하면서 조성된 광장은 광장을 360도로 둘러싼 아름다운 건물로 눈을 뗄 수가 없다. 동쪽보다 서쪽에 역사적인 건축물이 모여 있어 광장의 동쪽과 서쪽이 레스토랑의 음식 가격도 조금 차이가 난다.

이 광장에서 가장 높은 건물은 광장 한가운데에 우뚝 솟은 시청사이다. 지속적인 증축으로 고딕양식으로 완성되어 인상적인 시청사는 현재 역사박물관^{Museum Historyczne}으로 사용되고 있다.

🏠 Sukiennice 14/15   🕐 11~17시(월요일 휴관)
💰 성인 15zl, 어린이 6zl   📞 071-347-1690

브로츠와프
3대 박물관

브로츠와프는 시청광장을 중심으로 도시의 기능이 모여있기 때문에 여행하기에 쉬운 도시이다. 박물관도 기존의 시청이나 교회를 사용하고 있어서 자연스럽게 박물관으로 입장할 수 있다. 브로츠와프의 거리를 따라 발걸음을 옮기면서 박물관까지 함께 섭렵한다면 여행이 더욱 풍성해 질 것이다.

역사박물관(Museum Historyczne / 구 시청사)

구 시청 광장은 크라코프에 이어 2번째로 큰 시장 광장이다. 중앙 구역 남쪽에 자리한 시청은 폴란드에서 가장 아름다운 곳 중 하나로, 안에는 화려한 내부 장식을 자랑하는 역사박물관이 있다. 광장 북서쪽 구석에는 바로크 양식의 문으로 이어진 헨젤과 그레텔이라는 뜻의 야스 이 말고시아^{Jas I Malgosia}라는 작은 2개의 집이 있다.

건축박물관(Museum of Bourgeois Art)

이 집들 바로 뒤로 거대하게 서있는 것은 14세기 성 엘리자베스 교회^{St. Elizabeth's Church}로 83m 높이의 탑이 있다. 광장 동쪽으로 한 블록을 더 이동하면 고딕풍의 성 마리아 막달레나 교회^{St. Mary Magdalene's Church}가 있으며 더 동쪽으로 이동하면 15세기 베르나르도 교회와 수도원이 있는데 현재는 건축 박물관으로 사용되고 있다.

국립박물관

박물관 뒤 공원에는 1794년 라치라비체 전투를 묘사한 커다란 360도 파노라마 라치라비치카가 있다. 이 유명한 전투에서 타테우즈 코시우즈코^{Tadeusz Raclawicka}가 이끄는 폴란드 농민군은 폴란드를 분할하기 위해 쳐들어 온 러시아 군을 물리쳤다. 바로 동쪽으로 이동하면 국립 박물관이 있는데 중세 실레지아 예술품과 현대 폴란드 회화 등이 볼 만하다.

구 시장 광장
Rynek Square

시내 중심가에 위치한 구 시장 광장은 크라쿠프, 포즈난과 함께 폴란드를 대표하는 중세 시장 중 하나이다. 소금 광장pl. Solny과 함께 13세기 중반에 조성한 광장을 둘러싼 아름다운 건물들이 즐비하다.

오래되고 가치 있는 건물은 주로 서쪽에 위치해 있다. 1290~1504년까지 서서히 건축되어 지금에 이르렀고 현재 역사박물관으로 사용되고 있다.

리넥 광장Rynek Square이 무척 크다. 유럽의 다른 나라의 광장들처럼 파스텔톤의 예쁜 집들이 옹기종기 모여 있어 색다른 분위기를 풍긴다. 주변에는 중세풍의 멋진 성당과 조각상들이 눈에 띈다.

크리스마스 마켓

폴란드 리넥 광장(Rynek Square)에는 계절별로 사람들이 즐기는 모습도 다르고, 분위기도 달라진다. 추운 국가답게 사람들은 여름을 즐기고 겨울에는 광장을 중심으로 크리스마스 분위기가 물씬 풍긴다.

익명의 보행자
Anonymous Pedestrians

아르카디 사거리에 있는 조각상으로 제목은
'익명의 보행자'이다. 1977년에 만들어진 조
각상은 2005년까지 브로츠와프 박물관에
있다가 보행로로 공산주의시기인 1988년에
옮겨졌다.

🏠 Pilsudskiego

시치트니츠키 공원
Szczytnicki Park

1913년 〈가드닝 아트 박람회〉 때문에 조성하기 시작한 시치트니츠키 공원Szczytnicki Park은 녹
음이 우거진 공원으로 브로츠와프 시민들의 휴식공간이다.

넓은 부지 안에 숲에는 딱따구리와 다람쥐가 보이고 유모차에 아이를 태우고 다니는 부부
와 손잡고 다니는 노부부의 모습은 여유로운 일상을 즐기는 시민을 볼 수 있는 장소이다.
일반적인 공원이지만 특이하게 일본정원이 있다. 정원 안에 연목과 금색으로 만들어진 금
각사와 정자, 폭포, 다리가 있다.

파노라마 박물관
Panorama Museum

파노라마 그림 속에 여러 가지 전쟁의 그림이 이어져 하나의 전쟁으로 이어지는 자연스러운 모습은 장관이다. 한국어로 된 해설까지 있어 박물관의 이해에 도움을 준다.

🏠 ul. Jana Ewanglisty Purkniego 11　📞 +48 71 344 2344

성 엘리자베스 교회
Church of Elizabeth

헨젤과 그레텔 집 바로 북쪽에 있는 83m의 높은 탑을 가진 고딕양식의 벽돌교회이다. 브로츠와프를 대표하는 교회는 아니지만 탑에서 보는 풍경이 아름다워 항상 관광객의 발길이 끊이지 않는다.
300개가 넘는 계단을 올라가면 브로츠와프의 아름다운 모습을 볼 수 있다.

🌐 www.elzbieta.archidiecezja.wroc.pl 🏠 ul. Sw Elzbiety 1 🕐 10～19시(토요일 17시까지 / 일요일 13시 시작)

백년 홀
Hala stulecia

20세기 초반 콘크리트로 지은 건물인데 기념비적인 건축물로 인정되어 유네스코 지정 세계문화유산에 등재되었다. 1813년 브로츠와프가 독일령이었던 당시 독일을 정복하려던 나폴레옹 군대를 물리친 라이프치히 전투에서의 승리 100주년을 기념해 건축했다.
2차 대전 이후 폴란드의 사회주의 시절 독일의 백년 홀 보다 높게 지어 소련의 위엄을 보여주고자 지은 강철 첨탑도 백년홀과 나란히 위치해 있다. 백년 홀 뒤편에는 큰 분수대가 있다. 낮에는 발을 담그거나 물놀이를 하며 더위를 식히는 시민들이 많다. 정해진 시간에는 분수 쇼도 진행하고 있다고 한다.

브로츠와프 오페라
Wroclaw Opera

폴란드에서 가장 유명한 오페라 전용극장 중에 하나로 1841년에 문을 열었다. 1945년까지는 독일영토였기 때문에 독일식 이름인 브레슬라우 오페라Breslau Opera로 불렸다. 1997년에 새롭게 개조하여 완공되어 다양한 공연을 보여주고 있다.

🌐 www.opera.wroclaw.pl
🏠 Świdnicka 35
🕐 12~19시(일요일 11~17시)
📞 +48-71-370-88-50

브로츠와프 대학교
Wroclaw University

브로츠와프 대학교^{Uniwersytet Wrocławski}는 브로츠와프에 있는 공립대학교로 현재 약 30,000명의 학생들이 재학하고 있다. 1702년 10월 21일 신성 로마 제국의 황제인 레오폴트 1세에 의해 설립된 중부유럽에서 가장 오랜 역사를 가진 대학교이다.

설립 당시에는 5개 학과인 철학, 약학, 법학, 개신교 신학, 가톨릭 신학이 설치되어 발전하다가 19세기 브로츠와프가 있는 실레시아지역이 프로이센에 합병된 이후에 빠르게 성장했다.

제2차 세계대전 중이던 1945년 5월에 소련 군대가 브로츠와프를 점령하면서 폴란드의 영토가 되었고 브로츠와프에 거주하던 독일인들은 추방당했다. 리비우 대학교의 폴란드인 교수들이 브로츠와프에 도착하면서 리비우 대학교에 있던 소장품을 이관하면서 지금과 같은 모습을 갖추었다.

🏠 pl. Uniwersytecki 1　📞 +48-791-500-122

예수대학교 교회
이웃 대학과의 초기 바로크 양식의 교회는 예수회에 의해 남겨진 실레지아의 건축물 중 하나이다. 본당과 옆의 채플로 이루어져 있다.

콘스피라
Restauracja Konspira

폴란드 전통음식을 바탕으로 유럽의 채식을 접목시킨 요리를 선보인다. 맥주에 골룡카를 곁들여 짠맛을 중화시킨 돼지고기와 감자로 만든 요리들이 주 메뉴이다. 현지인의 기호에 맞추어서 호불호가 갈린다. 양이 많기 때문에 한 개씩 나누어서 주문하는 것이 좋다.

위치 Plac Solny 11　　**시간** 12~22시　　**요금** 주 메뉴 35~70zl　　**전화** +48-796-326-600

비베레 이탈리아노
Vivere Italiano

폴란드에서 이탈리아의 지중해 음식을 재해석해 유럽의 다른 나라 음식에 조화를 이룬 요리로 인기를 끌고 있다. 비트, 말린 버섯, 양파, 감자, 훈제 고기 등의 재료를 사용하고 신선한 채소로 기발한 스파케티, 리조또, 피자를 만든다. 다만 우리나라 관광객의 입맛에는 조금 난해할 수 있으니 추천음식으로 선택하는 것이 좋겠다.

위치 Plac Solny 11　　**시간** 12~22시　　**요금** 주 메뉴 35~70zl　　**전화** +48-796-326-600

스톨 나 스제베드키에
Stol na Szwedzkiej

내부 인테리어는 깔끔하고 세련된 분위기다. 고급 레스토랑답게 음식의 질도 높고 서비스 수준도 훌륭하다. 메인 요리는 가격대가 비싸서 부담이 되지만 고급호텔의 유명 셰프가 만드는 요리에 맛있는 음식을 먹을 수 있다. 스테이크는 풍부한 식감을 보이고 디저트도 상당히 맛있는 레스토랑이다.

위치 ul. Szwedzka 17a Lokal Miesci sie z drugiej   **시간** 14~21시
요금 주 메뉴 25~60zl   **전화** +48-791-240-484

버거
Ltd Burger Ltd

폴란드에는 버거^{Burger}를 파는 전문점이 많지 않다. 물론 버거킹과 맥도날드도 있지만 대한민국에도 있는 대형 패스트푸드이기 때문에 버거^{Burger}의 고급화를 대표하는 버거 전문점은 이 찾기 쉽지 않다. 수제버거와 커피를 파는 세련된 내부 인테리어인데 저렴한 가격으로 관광객에게 인기를 끌고 있다.

위치 Psie Budy 7/8/9   **시간** 10~22시
요금 주 메뉴 15~50zl   **전화** +48-733-281-334

시에스타 트라토리아
Siesta Trattoria

직원은 친절하고 내부 인테리어는 차분하고 조용한 느낌에 음식은 맛있다고 소문난 맛집이다. 코스별로 나오기 때문에 허겁지겁 먹기보다 맛을 즐기면서 여행의 이야기를 풀어 놓으면 좋은 레스토랑이다. 지중해 스타일의 재료 본연의 맛을 내도록 짠맛도 덜하다.

`홈페이지` www.hostel.is   `주소` Bankastræti 7   `요금` 도미토리 5,500kr~   `전화` +48-886-753-996

센트럴 카페
Central Cafe

베이글과 케이크, 다양한 커피를 마시면서 이야기를 나누기 때문에 한 끼를 해결하기보다 간식이 더 적합할 수도 있다.
북유럽스타일의 깔끔한 내부 인테리어도 폴란드에 있을 것 같지 않은 카페이다. 관광객보다 현지인이 더 많이 찾는 카페로 단맛이 강한 케이크는 우리나라 관광객의 입맛에 달 수 있다.

`위치` ul. Sw. Antoniego 10   `시간` 07~21시   `요금` 주 메뉴 15~60zl   `전화` +48-71-794-96-23

폴란드의 유네스코(UNESCO) 세계유산

폴란드에는 14개의 세계 문화유산이 등재되어 있다. 전쟁이 남긴 상처와 함께 되살아난 유산들을 찾아가 보자.

No	세계유산	분류	지정연도
1	크라쿠프 [Historic Centre of Krakow]	문화유산	1978
2	비엘리치카 소금광산 [Wieliczka and Bochnia Royal Salt Mines]	문화유산	1979년
3	아우슈비츠 수용소 [Auschwitz Birkenau German Nazi Concentration and Extermination Camp (1940~1945)]	자연유산	1979년
4	벨로베시스카야 푸슈차와 비아워비에자 삼림지대 [Bia ł owieza Forest]	문화유산	1980년
5	바르샤바 역사 지구 [Historic Centre of Warsaw]	문화유산	1992년
6	자모시치 옛 시가지 [Old City of Zamosc]	문화유산	1997년
7	말보르크의 독일기사단 성 [Castle of the Teutonic Order in Malbork]	문화유산	1997년
8	토룬의 중세 마을 [Medieval Town of Torun]	문화유산	1999년
9	칼바리아 제브르도프스카 [Kalwaria Zebrzydowska: the Mannerist Architectural and Park Landscape Complex and Pilgrimage Park]	문화유산	2001년
10	야보르와 시비드니차의 자유교회 [Churches of Peace in Jawor and swidnica]	문화유산	2003년
11	남부 리틀 폴란드의 목조교회 [Wooden Churches of Southern Ma ł opolska]	문화유산	2004년
12	무스카우어 공원 [Muskauer Park / Park Muzakowski]	문화유산	2006년
13	브로츠와프의 백주년관 [Centennial Hall in Wroc ł aw]	문화유산	2013년
14	폴란드와 우크라이나 카르파티아 지역의 목조교회 [Wooden Tserkvas of the Carpathian Region in Poland and Ukraine]	문화유산	2013년

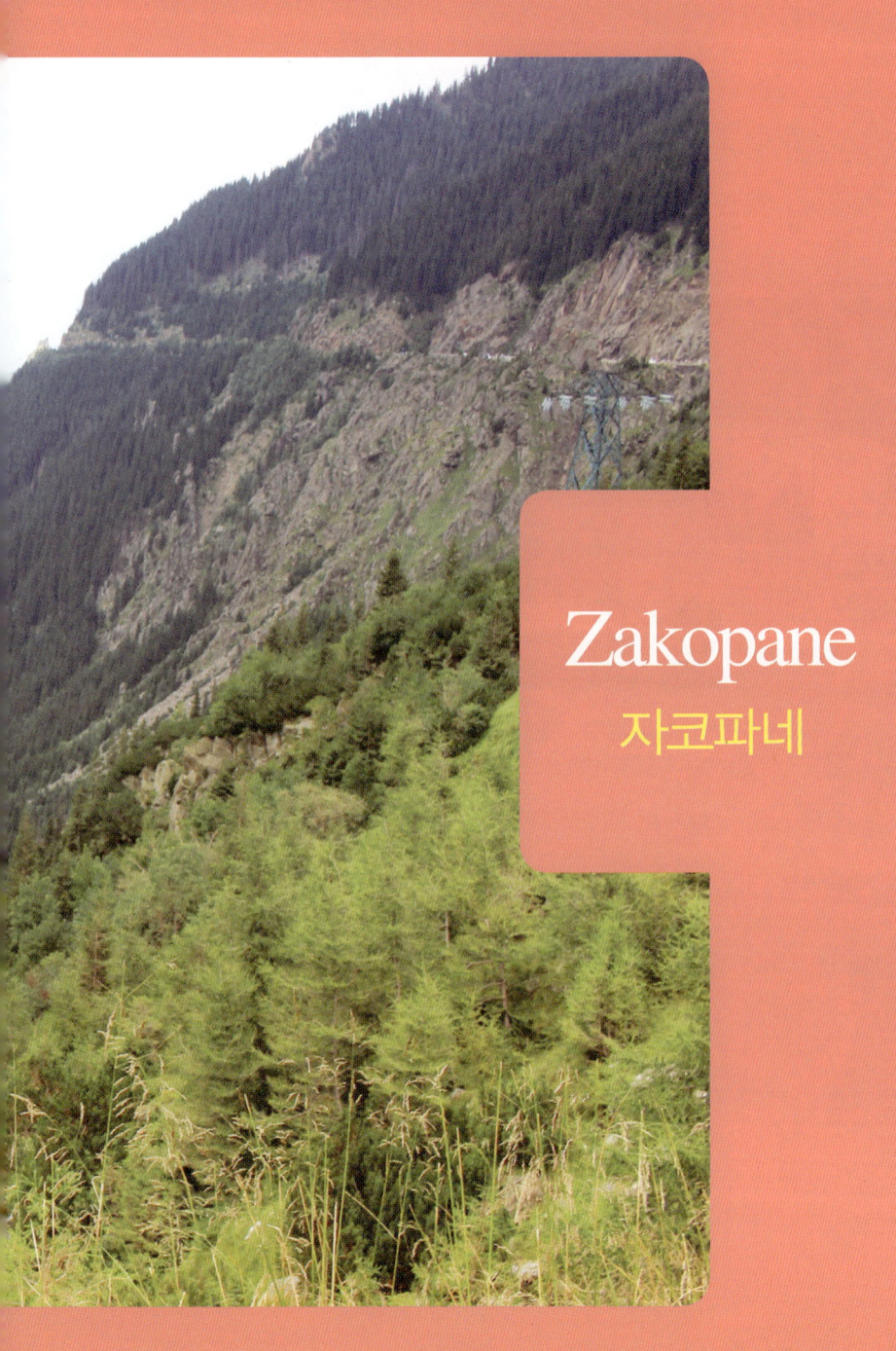

Zakopane

자코파네

유스호스텔
Schronisko Mlodziezowe PTSM

케이블카 역

Nowotarska

Hotel

버스터미널
Dworzec PKS

구 묘지
Stary Cmentary

al. J Maje

Smak

구 목조 교회
Stary Kościol Parafialny

Koscielska

Kościelska

타트라 박물관
Muzeum Tatrańskie

Tadeusza Kościuszki

ZAKOPANE

PTTK

기에본트
Giewont

Gromada Gazda Hotel

Chata Zbójnicka Restaurant

H. Sienkiewica

운동장

오르비스
ORBIS

크루포프키 거리

타트라 박물관 분관
Muzeum Tatrańskie

모르스키에 오코
Morskie Oke

Równia Krupoma

al. 3 Maja

Grunwaldzka

Jozefa Pilsudskiego

폴란드에서 가장 남쪽의 슬로바키아와 국경을 가로지르는 2,000m가 넘는 타트라 산지[Tstry]는 국립공원으로 지정되어 폴란드의 허파역할을 한다. 여름에는 등산과 하이킹, 패러글라이딩, 승마를, 겨울에는 스키장이 운영되고 있다. 19세기 후반에 작곡가 카롤 시마노프스키 [Karol Szymanowaki](882~1937)와 화가 비트카치[Witkacy](1885~1939)등 많은 예술가들이 자신의 거처를 옮긴 곳으로 유명하다.

자코파네 IN

루블린에서 2시간 30분 정도 소요되는 자코파네행 버스가 30분 간격으로 출발한다. 또한 미니버스가 인원이 채워지면 출발하기 때문에 더 빨리 출발하므로 사전에 확인해야 한다.

크라쿠프에서는 하루에 2편이 출발하며 6시간 정도 소요된다. 바르샤바에서 하루에 4편이 출발하며 4시간~4시간 30분 정도 소요된다.

한눈에
자코파네 이해하기

자코파네는 기차와 버스로 갈 수 있다. 기차역에서 나와 역 앞 거리에 나오면 삼거리에서 정면으로 타데우시 코시추시코 거리를 끼고 오른쪽으로 버스터미널이 있다.

타데우스 코시추시코 거리를 걸어가면 사거리가 나오고 그 앞에 끝없는 초원이 이어진다.
산 앞으로 큰 교차로가 나오고 자코파네의 번화가인 크루푸프키 거리가 나온다.
크루푸프키 거리의 북쪽에서 서쪽으로 가면 코시치엘리스카 거리에 전통적인 목조건축이 남아있다.

트레킹 코스

자코파네 남쪽, 돌리나 스트라지스카 Dolina Strazyska 같은 아름다운 작은 계곡들이 몇 곳 있다.

자코파네에서 3시간 30분 정도 소요되는 스트라지스카에서 빨간 표시된 산길을 따라 기에본트 산Giewont

(1909m)까지 올라가서 파란 표지판을 따라 내려오면 쿠즈니체Kuznice로 올 수 있다. 길고 아름다운 숲 속 계곡으로 돌리나 쵸쵸로브스카와 돌리나 코시엘리스카로 타트라스 서부로 알려진 공원 서부에 있다.

자코파네 엑티비티

자전거&트레킹

자코파네Zakopane의 모든 산악로에는 표시가 되어 있다. 늦은 봄과 이른 가을이 여행의 적기이며 7~8월은 등산객이 많다. 타트라스는 특히 눈이 내리는 시기인 11~5월까지는 위험하므로 조심해야 한다. 트레킹은 반드시 사전에 준비를 철저히 해야 한다.

스키

자코파네Zakopane는 폴란드의 대표적인 겨울스포츠지역으로 카스프로비 비에르흐 산Mt. Kasprowy Wierch과 구바우프카 산Mt. Gabalowka이 스키에 최상의 조건을 갖춘 곳이다. 케이블카를 타고 산에 올라가 리프트를 타고 올라가 구바우프카 산Mt. Gabalowka에서 빌릴 수 있다.

산장 캠핑

공원 내에서 캠핑은 할 수 없고 자코파네에서 운영하는 8곳의 산장이 가장 저렴하게 캠핑을 즐길 수 있는 장소이다. 모든 산장에서는 간단한 식사를 할 수 있지만 일찍 문을 닫는다.

구바우프카 산
Mt. Gabalowka

멋진 타트라스^{Tatras}의 전망을 둘러볼 수 있는 곳으로 크루푸프키 거리에 나오면 삼거리가 있고 그 앞의 작은 공원과 광장이 나온다. 여기서 노점이 이어진 곳에 스키용품을 파는 가게들이 있다.

구바우프카 산은 1,136m로 높지만 케이블카를 타고 정상까지 5분이면 도착할 수 있다. 자코파네^{Zakopane} 시내와 맞은편으로 절경의 타트라 산맥이 나온다.

카스프로비 비에르흐 산
Mt. Kasprowy Wierch

1935년부터 운행되어 온 케이블카는 쿠즈니체^{Kuznice}에서 출발해 카스프로비 비에르흐 정상까지 올라간다. 20분 정도 소요된다. 여름에는 많은 관광객들이 카시에니코바^{Gasienicowa} 계곡을 따라 걸으며 자코파네^{Zakopane}로 들어가기도 한다.

버스터미널과 al. 3 Maja 거리의 버스정류장에서 공공버스 쿠즈니체^{Kuznice}행을 타고 종점에서 하차한다. 버스에서 내려 광장이 나오면 구석에 있는 건물에 카페와 기념품가게들이 있다.

1,014m의 쿠즈니체^{Kuznice}에서 10분정도 올라가면 역에 도착해 한번 환승해 곤돌라로 갈아타고 10분정도 더 올라가야 정상에 내릴 수 있다. 아침 일찍 올라가 5~7시간에 걸쳐 내려오는 것이 폴란드인들이 가장 좋아하는 트레킹이다.

케이블카
왕복표를 구입하면 출발 후 내려오는 표로 자동 예약된다. 쿠즈니체 케이블카 정거장이나 여행사에서 구입할 수 있다.
- 07시 30분~20시 (겨울시즌에는 16시까지 운행) - 5~6월, 10~12월 운행 중단

폴란드 맥주

지비에츠(Zywiec)

두 남녀가 춤을 추는 모습이 인상적인 지비에츠 맥주^{Zywiec Beer}는 폴란드의 지명과 동일한 이름을 사용하는 폴란드를 대표하는 맥주이다. 중간 정도의 황금빛을 띠고, 보리와 넛맥의 향이 나며, 한 모금 들이켜면 부드러운 감촉에 깔끔한 느낌이 든다. 시큼한 맛과 함께 홉의 맛이 느껴진다. 지피에츠 맥주^{Zywiec Beer}의 로고에는 팔짱을 끼고 춤을 추는 남녀의 그림이 있는데, 이 춤은 폴란드의 도시인 크라쿠프^{Krakow}의 전통춤이다. 지비에츠 브루어리^{Zywiec Breweries}가 1856년에 설립된 이래로 150년이 넘는 기간 동안 같은 로고를 사용했다.

지비에츠 오리지널 맥주는 필스너^{Pilsner} 계열의 맥주로 알코올 도수가 5.6%로 높은 편에 속한다. 마시면 신맛과 단맛이 나기 때문에 쓴맛이 나는 전형적인 필스너^{Pilsner} 맥주와는 다른 맛이 난다.

티스키에(TYSKIE)

지비에츠와 함께 폴란드를 대표하는 맥주가 티스키에 맥주^{Tyskie Beer}이다. 마시자마자 느끼는 깔끔한 목넘김으로 시작해 단맛과 쓴맛이 나고 다시 깔끔하게 마무리되는 매력적인 맛이 난다.

폴란드의 어느 도시를 가도 지비에츠 맥주^{Zywiec Beer}와 티스키에 맥주^{Tyskie Beer}는 모든 레스토랑과 카페에서 취급하는 폴란드를 대표하는 맥주이기 때문에 마시면서 맛을 비교하게 된다. 여러분도 마시면서 맛을 비교해 보는 것도 폴란드를 여행하는 또 다른 재미일 것이다.

작지만 큰 의사, 유진 라조위스키

백신의 기능이 없는 가짜 백신을 1만 명이 넘는 사람들에게 투여한 의사가 있다면 당신은 어떻게 판단하겠는가? 여기까지만 알게 되면 의사로서 자격이 없는 사기꾼으로 오해할 수 있겠지만 그의 가짜 백신을 접종받은 사람들은 그 의사덕분에 목숨을 구할 수 있었다. 제2차 세계대전 당시 독일에 점령당한 폴란드인들은 성인들은 누구나 강제노역을 당해야 했다. 바로 이런 사람들을 구하기 위해 의사인 유진 라조위스키는 가짜 백신을 개발했다.

이 백신은 병을 예방하는 기능이 없었다. 오히려 백신을 접종받은 사람의 혈액을 검사하면 장티푸스 양성 반응을 보이게 되었다. 그렇다고 그 사람이 장티푸스에 걸린 것도 아니었다. 그저 검사 결과가 그렇게 나올 뿐 인체에는 크게 해가 없었다.

지금도 위험한 전염병인 장티푸스는 당시에는 군대에 퍼지면 군사력을 악화시키는 위험한 병이었다. 이렇게 가짜 백신을 접종받은 사람이 늘어나자 라조위스키가 진료하는 지역은 위험 전염 구역으로 지정돼 격리 조치가 취해져 살 수 있었다.

혹독한 전시 중에 점령군에게 저항한다는 것은 목숨을 걸어야 하는 일이었을 것이다. 이런 전시 중에 자국민인 폴란드뿐만 아니라 다른 민족의 생명을 위해 목숨을 거는 일은 더군다나 쉬운 일이 아니었을 것이다. 그런데 유진 라조위스키 이야기는 2차 세계대전이 끝나고 32년이 지난 1977년 세상에 알려지게 되었다. 자신을 돌보지 않고 생명을 구하는 의사이자 자신의 업적을 자랑하는 데 관심 없는 의인이었고 이러한 분들이 있기에 세상은 더욱 아름답게 만들어진다.

폴란드어(Cześć)

폴란드인은 폴란드어를 자랑스럽게 여긴다. 100여년을 독립하지 못한 열강들의 분할에도 그들은 동화되지 않고 폴란드어와 문화를 지켰다. 외국인이 더듬거리면서 폴란드어로 말하거나 말하려고 노력하면 호의와 친밀감을 갖게 된다. 폴란드인과 사귈 수 있다면 폴란드 여행은 더욱 즐거워질 수 있다.

폴란드어가 상당히 문법이 복잡한 이유

여행에 필요한 폴란드어를 하기 위해서는 사용빈도가 높은 회화를 암기하는 것이 더 실용적이다. 문법이 어떻게 되어있는지 이해하고 폴란드어를 배워도 좋기는 하겠지만 시간이 많이 필요할 것이다.

폴란드어는 인도 유럽어족 슬라브어파에 속하며 슬로바키아어, 체코어, 러시아어와 상당히 비슷하다. 그러나 러시아어는 키릴문자를 사용하지만 폴란드어는 라틴 문자를 사용하는 것이 다르다. 폴란드가 일찍부터 가톨릭을 받아들이면서 라틴문자가 전해졌기 때문이다.

발음

15세기경까지 교회의 설교나 연대기 등에 라틴어를 사용하였지만 16세기에는 라틴 문자를 사용해 폴란드어를 표기하려는 시도가 확산되었다. 로마자로 표기할 수 없는 폴란드어만의 발음을 위해 몇 개의 새로운 알파벳을 만들었다. ą(온), ć(치), ę(엔), ł(우), ń(니), ó(우), ś(시), ź(지), ż(지)이다. 예를 들어 źródło(원천)은 '지루드워라'라고 발음한다.

발음의 특징

W─〉V 발음

알파벳 W이 V발음이라고? 당황스럽다. 예를 들어 폴란드의 수도 Warszawa [바르샤바] 를 보면 쉽게 이해할 수 있다. 영어식으로는 왈스자와(?) 처럼 이상하게 읽을 수 있지만, 제대로 된 발음법을 알았으면 활용해 보는 것이 좋다.

ł─〉Wa 발음

ł 이렇게 생긴 알파벳은 대부분 처음 보게 된다. 그래서 어떻게 읽어야하는지도 전혀 모른다. ł 는 뒤따르는 모음과 결합하여 발음하게 된다. 예를 들어 폴란드의 아름다운 도시 Wrocław [브로츠와프]의 경우 ł 뒤에 알파벳 a가 있어서 '와'로 발음하게 된다.

폴란드어 회화

인사

안녕하세요 – **Dzien Dobry** [진 도브리] : 아침인사
안녕하세요 – **Dobry wieczór** [도브리 비에추르] : 저녁인사
안녕 – **Cześć** [체시지]

다음에 또 봐요 – **Do widzenia** [도 비쟈냐]
예 – **Tak** [탁]
아니오 – **Nie** [니에]

감사합니다 – **Dziekuje** [지엥쿠예]
실례합니다/죄송합니다 – **Przepraszam** [프쉐쁘라샴]
이해가 안돼요 – **Nie rozumiem** [니에 로주미엠]

소개

저는 한국인입니다. – **Jestem koreański**
　　　　　　　　　[이에스템 코레안스키]
제발/You're welcome – **Proszę** [프로쉐]
도와주세요 – **Pomoc** [포모츠]
사랑해 – **Kocham Cię** [코함체]

레스토랑

얼마입니까? – **Ile to kosztuje?** [일레 토 코슈추이에?]
너무비싸다 – **Za drogie** [자 드로기에]
이것은 무엇입니까? – **Co to jest?** [초 토 이에스트]
화장실이 어디입니까? – **Gdzie jest Tollet**
　　　　　　　　　[그쉐 이에스트 토알레타]

물 – **Woda** [보다]
노스파클링 워터 – **Niegazowana** [니가조바나]
맥주 – **Piwo** [피보]
건배 – **Na dzdrowie** [나 즈드로비에]

숫자

1 – **jeden** [예덴]
2 – **dwa** [드봐]
3 – **trzy** [트씨]
4 – **cztery** [츠테리]
5 – **pięciu** [피엥치]
6 – **sześć** [시에시치]
7 – **siedem** [시에뎀]
8 – **osiem** [오시엠]
9 – **dziewięć** [지에비엥치]
10 – **dziesięć** [지에시엥치]
100 – **sto** [스토]

날짜(요일)

월요일 – **Poniedziałek** [포니쟈웩]
화요일 – **Wtorek** [비토렉]
수요일 – **środa** [시로다]
목요일 – **Czwartek** [추파르텍]
금요일 – **Piątek** [피욘택]
토요일 – **Sobota** [소보타]
일요일 – **Niedziela** [네젤라]

기차역 – **Dworzec** [도보르제츠]
매표소 – **Kasa** [카사]
플랫폼 – **Peron** [페론]
출발 – **Odjazdy** [오디야즈디]
도착 – **Przyjazdy** [프르지아즈디]

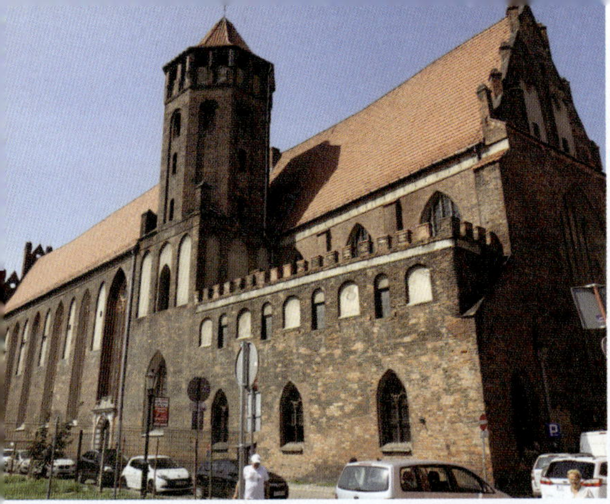
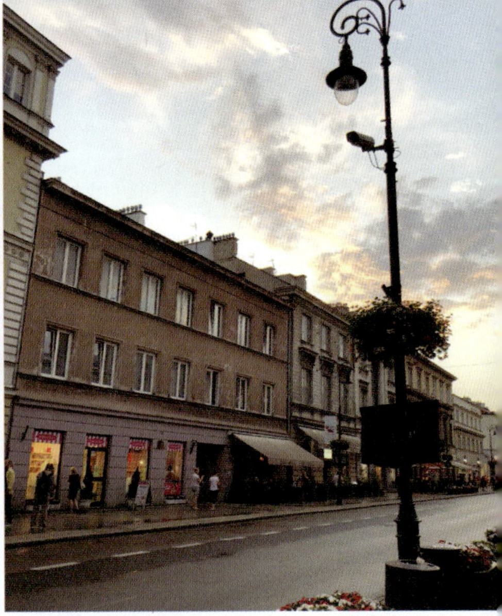
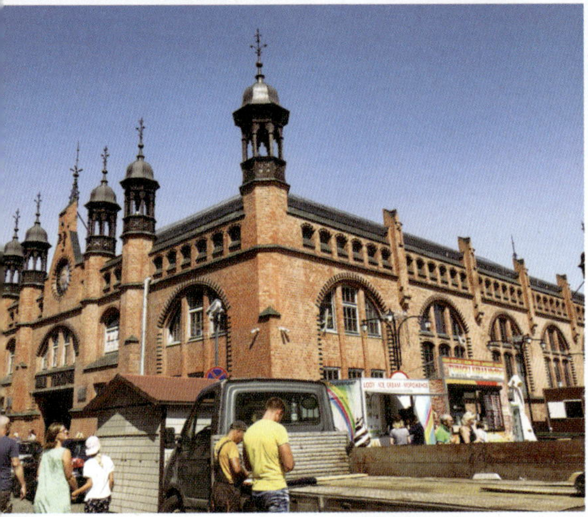
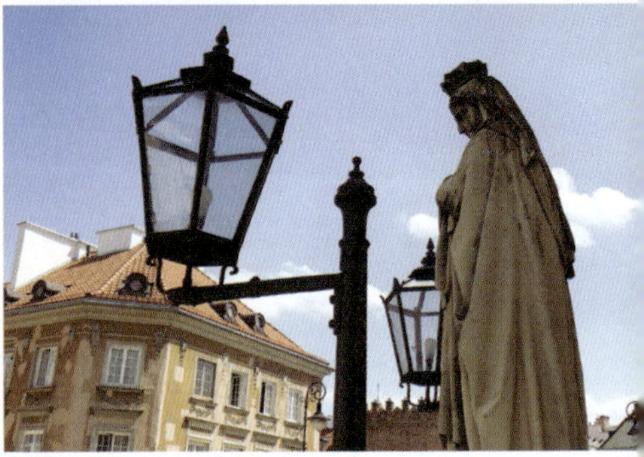
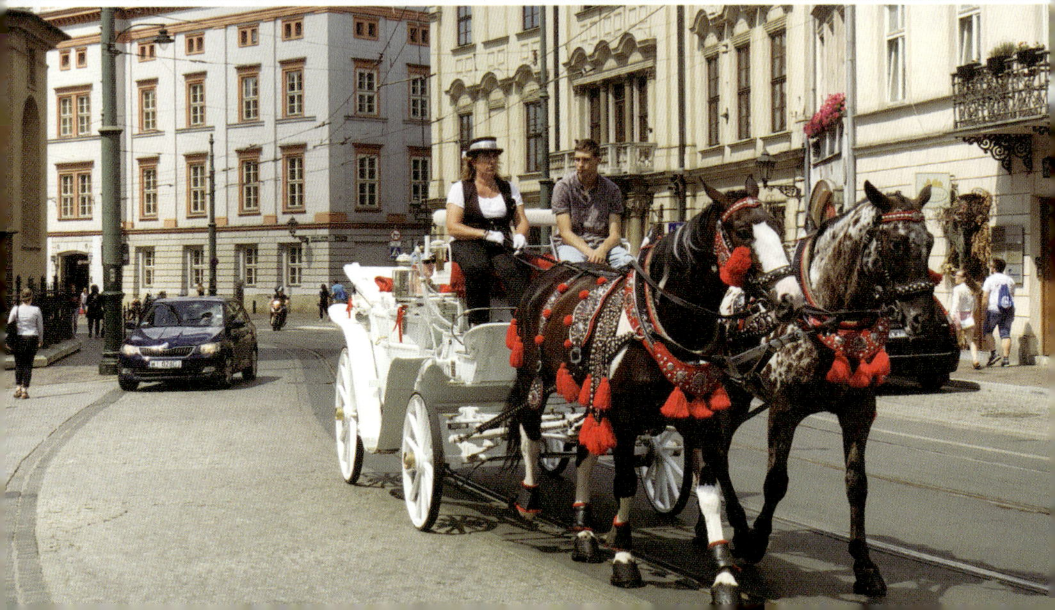

조대현

63개국, 298개 도시 이상을 여행하면서 강의와 여행 컨설팅, 잡지 등
의 칼럼을 쓰고 있다. KBC 토크 콘서트 화통, MBC TV 특강 2회 출연
(새로운 나를 찾아가는 여행, 자녀와 함께 하는 여행)과 꽃보다 청춘
아이슬란드에 아이슬란드 링로드가 나오면서 인기를 얻었고, 다양한
여행 강의로 인기를 높이고 있으며 '해시태그 트래블' 여행시리즈를
집필하고 있다. 저서로 블라디보스토크, 크로아티아, 모로코, 나트랑,
푸꾸옥, 아이슬란드, 가고시마, 몰타, 오스트리아, 족자카르타 등이 출
간되었고 북유럽, 독일, 이탈리아 등이 발간될 예정이다.

폴라 http://naver.me/xPEdID2t

폴란드

인쇄 l 2025년 7월 18일
발행 l 2025년 8월 13일

글 l 조대현
사진 l 조대현
펴낸곳 l 해시태그출판사
편집 · 교정 l 박수미
디자인 l 서희정

주소 l 서울시 강서구 허준로 175
이메일 l mlove9@naver.com

979-11-7458-007-8(05920)

• 가격은 뒤표지에 있습니다.
• 이 저작물의 무단전재와 무단복제를 금합니다.
• 파본은 구입하신 서점에서 교환해드립니다.

※ 일러두기 : 본 도서의 지명은 현지인의 발음에 의거하여 표기하였습니다.